ちくま新書

日本漁業の真実

濱田武士
Hamada Takeshi

1064

はじめに

「真実」にどれだけ接近できるのであろうか。

筆者は全国各地の漁業を見てきた。漁業者・漁協・卸売市場・流通加工業・小売業の方々に、水産業のそれぞれをたくさん学ばせてもらった。だが、まだ二十年数年間しか経っていない。漁業の研究者としては、赤子のレベルである。

しかし、今日の漁業問題の取り上げられ方には強い疑問を持つ。「魚が食べられなくなる」「魚が消える」などと危機感を煽《あお》り、センセーショナルに取り上げるものが多くなってきたからだ。だが、その内容は現状分析に乏《とぼ》しく、表層的なものが多い。大衆受けを狙ったのだろうか。それゆえに、その表現は、まったく葛藤《かっとう》をもたない紋切り型ばかり。漁業問題を出汁《だし》にして注目を浴びることが目的なのかと思ってしまう。

たしかに、漁業をどのように見るかは人によって大きく異なる。視点が異なれば見え方も異なるからだ。何が真実なのかも、自分で確かめないとわからない。自分で確かめてもわからないこともある。だから、漁業問題を考えるとき、いつも「その存在」をどのように「認識」するのかといった哲学的問題に直面する。それだけ漁業の世界は奥行きが深い。

これまで筆者はいろいろな誌面で漁業について書いてきたが、その内容が実態をしっかりと反映しているかと問われれば、自信を持って「はい」とは言えない。限られた紙幅の中で持っている情報を選んで書かなければならないが、その選択を誤ることがあり、ときには事実誤認もあるからである。また筆者の解釈が必ずしも学術界で標準的ではなく、むしろ異端ということもある。

本書では、日本漁業の真実について書かなければならないが、日本漁業の全容は書ききれない。そのことから日本漁業を見通すための土台をつくり、今の漁業に何が不足しているのかを考える機会にしたい。

もちろん、昨今話題になっているトピックも取り上げる。だが、もっとも大事にしたいのは、「漁業・水産業界あるいは水産行政がこれまでに経験した教訓から何が見えてくるか」である。それをできるかぎり明快にしたい。そのうえで、最後に何を考えなければならないのかを提起する。

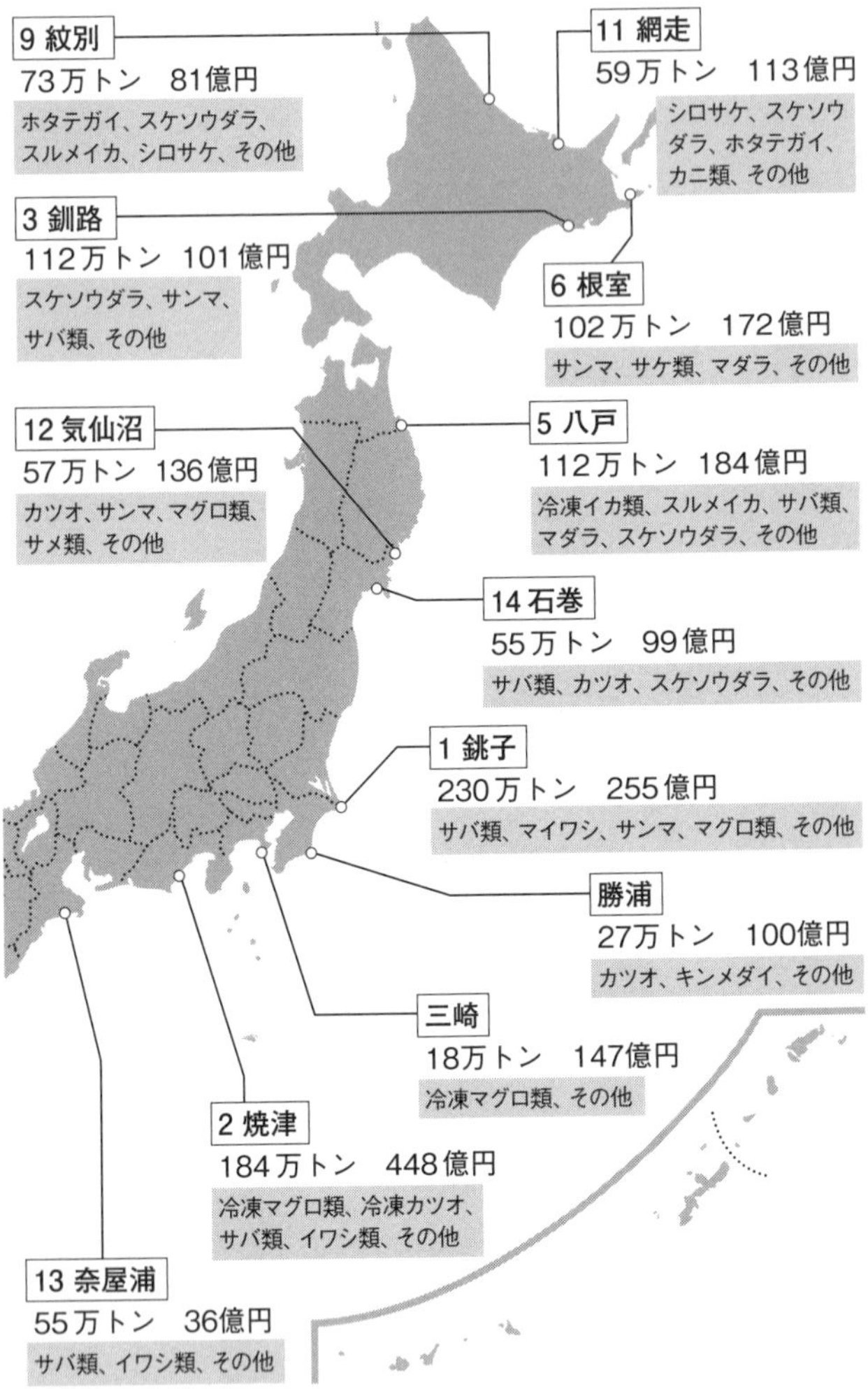
9 紋別
73万トン　81億円
ホタテガイ、スケソウダラ、スルメイカ、シロサケ、その他
11 網走
59万トン　113億円
シロサケ、スケソウダラ、ホタテガイ、カニ類、その他
3 釧路
112万トン　101億円
スケソウダラ、サンマ、サバ類、その他
6 根室
102万トン　172億円
サンマ、サケ類、マダラ、その他
12 気仙沼
57万トン　136億円
カツオ、サンマ、マグロ類、サメ類、その他
5 八戸
112万トン　184億円
冷凍イカ類、スルメイカ、サバ類、マダラ、スケソウダラ、その他
14 石巻
55万トン　99億円
サバ類、カツオ、スケソウダラ、その他
1 銚子
230万トン　255億円
サバ類、マイワシ、サンマ、マグロ類、その他
勝浦
27万トン　100億円
カツオ、キンメダイ、その他
三崎
18万トン　147億円
冷凍マグロ類、その他
2 焼津
184万トン　448億円
冷凍マグロ類、冷凍カツオ、サバ類、イワシ類、その他
13 奈屋浦
55万トン　36億円
サバ類、イワシ類、その他

日本漁業を知る基礎データ

漁港別の水揚げマップ（2012年度）

資料：一般社団法人漁業情報サービスセンター

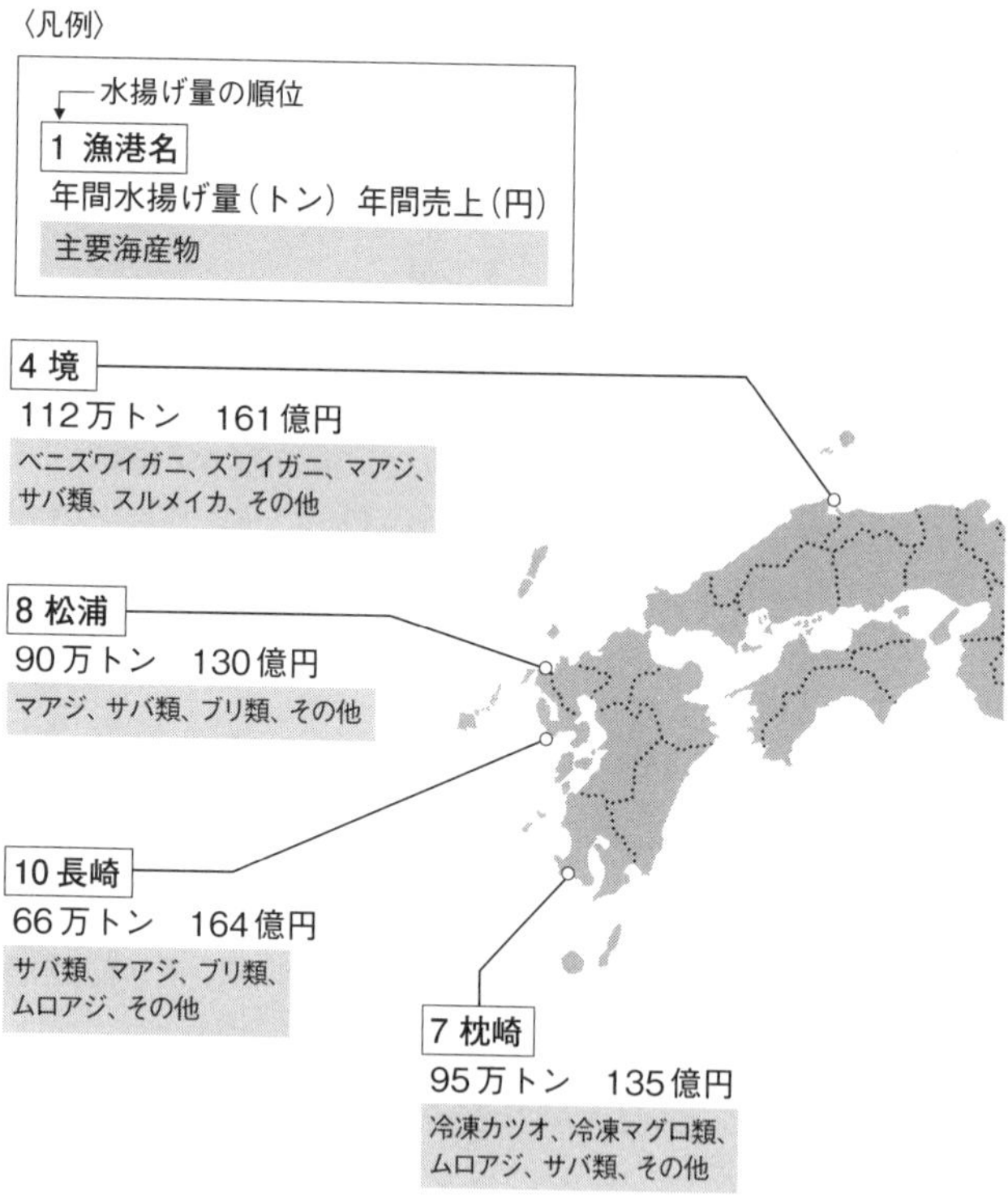

主な漁法の説明

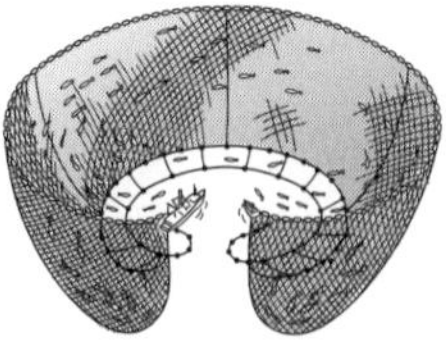

まき網

魚群を網で取り巻き、その囲いを狭めて締め獲る漁法。漁船が魚群の回りを旋回しながら網を操作する。通常は網船、捜索船、運搬船などで船団を構成して操業している。

主な対象魚種 イワシ、サバ、イナダ、カツオ、マグロなど

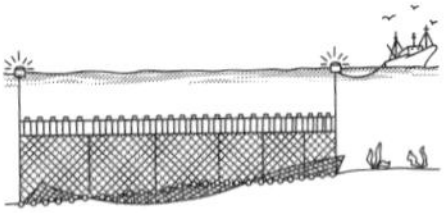

刺し網

魚の遊泳経路に平面状の網を仕掛けて獲る漁法。魚は菱形の網目に刺さるか、あるいは網地にからまって漁獲される。錨で固定する場合は「固定式刺し網」といい、固定しない場合は「流し網」という。

主な対象魚種 サバ、アジ、イワシ、サワラ、カツオ、マグロなど

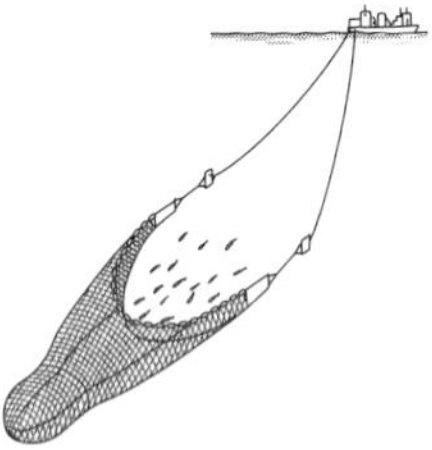

底曳網《そこびきあみ》

深海に袋状の網を沈めて、海底近くの魚介類を獲る漁法。小型底曳網漁業、沖合底曳網漁業、遠洋底曳網漁業などがある。

主な対象魚種 タラ類、ヒラメ・カレイ類など底魚類の他、カニ、エビなど

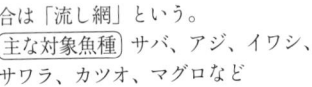

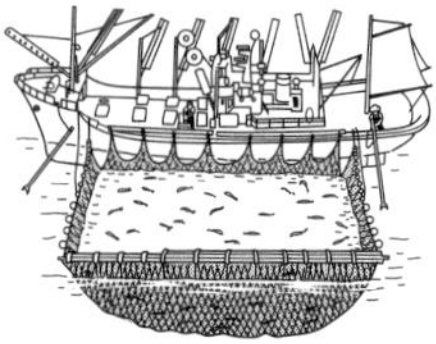

棒受網《ぼうけあみ》

事前に海中に沈めた網の上に、光などで魚を誘導してすくいあげる漁法。現状ではサンマを対象としたサンマ棒受網漁業が他を圧倒している。

主な対象魚種 サンマ、アジ、サバ、ヤリイカなど

定置網《ていちあみ》

沿岸の魚群の通路に網を仕掛けて捕らえる漁法。魚を誘導する垣網、魚が泳ぎまわる運動場網、捕獲する箱網などからなる。

主な対象魚種 サケ類、ブリ類、マグロ類、ニシン、タイ、イカなど

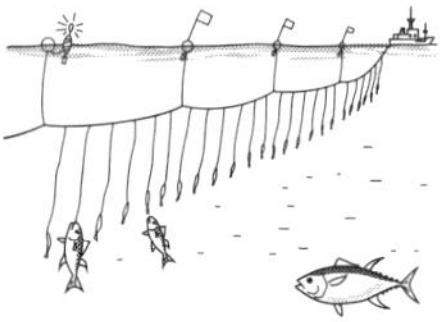

延縄《はえなわ》

一本の長い幹縄《みきなわ》に、適当な間隔をおいて多くの枝糸をつけ、これに釣り針をつけて魚を釣る漁法。走る船から繰り出し、一時に広範囲の魚を獲る。

主な対象魚種 マグロ類、タラ、スケソウダラ、サケなど

一本釣り

一本の釣り糸に一個から数個の釣り針をつけて釣る漁法。手釣り、竿釣り、曳縄釣りの三種がある。

主な対象魚種 カツオ、イカ、サバ、マダイなど

日本漁業の生産内訳

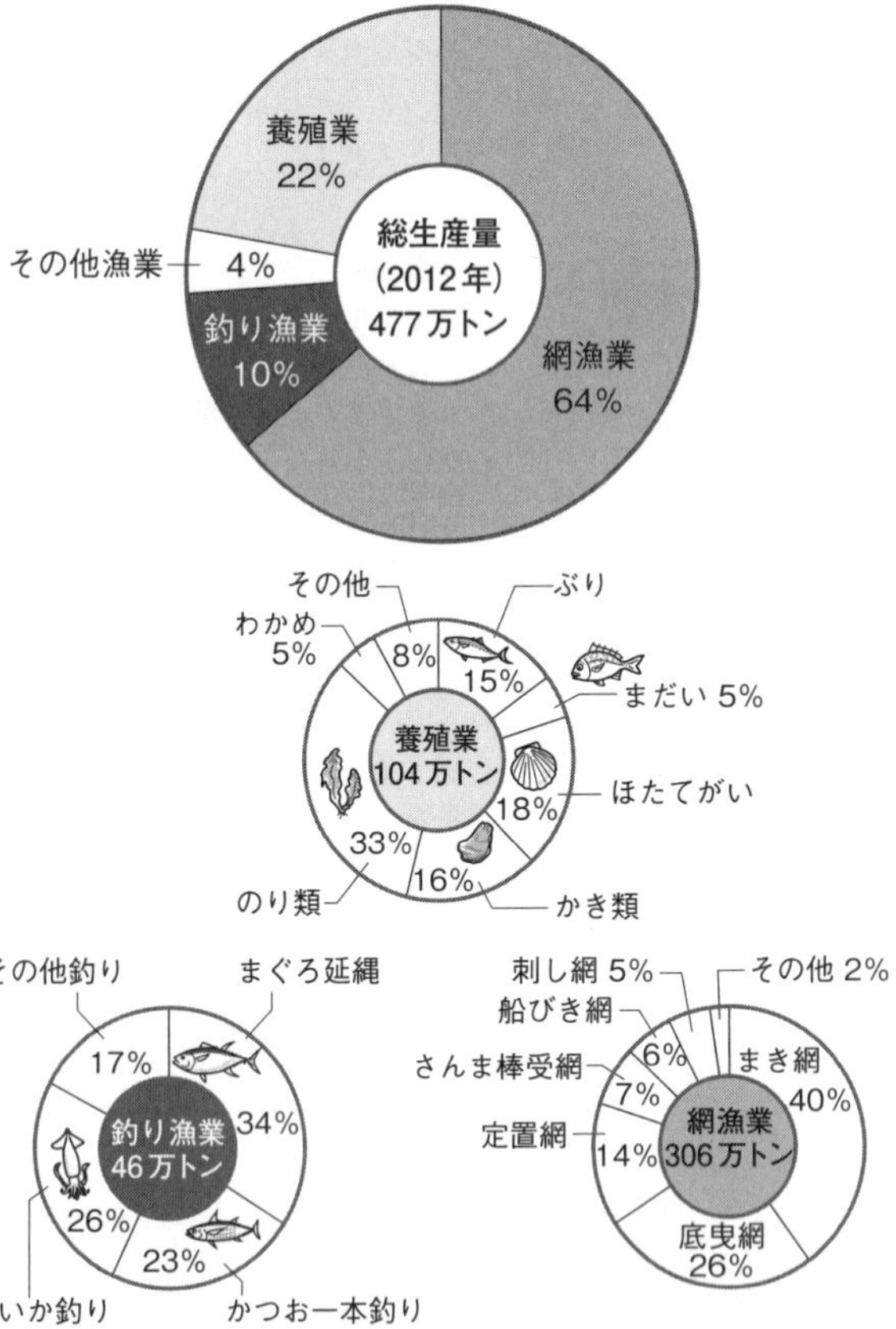

総生産量
(2012年)
477万トン
網漁業
64%
養殖業
22%
その他漁業
4%
釣り漁業
10%
養殖業
104万トン
その他
8%
ぶり
15%
まだい 5%
ほたてがい
18%
かき類
16%
のり類
33%
わかめ
5%
釣り漁業
46万トン
その他釣り
17%
まぐろ延縄
34%
かつお一本釣り
23%
いか釣り
26%
網漁業
306万トン
刺し網 5%
その他 2%
船びき網
6%
さんま棒受網
7%
定置網
14%
まき網
40%
底曳網
26%

日本漁業の真実【目次】

第１章
日本漁業の視座

†見方を変えなければならない

日本漁業は今、どのような状況なのか。

本章では、まず日本漁業を見通すための視座を固めたい。そこで、はじめに日本漁業の生産量の推移をみてみよう。

最新データ（２０１１年）をみると、日本の漁業・養殖業の生産量は４７７万トンである。周知の通り、この年は東日本大震災があり、東北を中心に生産量が大きく落ち込んだ年のため特別かもしれない。

そこで、その前年（２０１０年）の状況を見ると、５３１万トンとなっている。約54万トンの差である。この年の日本は世界第5位の生産量であった。しかし、80年代は世界で一番の生産量を誇っていたのである。

図1を見よう。これは我が国の漁獲量の推移を抜粋したものである。80年代は１２００万トンを超えているが、この時期の生産量推移の山はマイワシの漁獲量によるものだ。つまりはマイワシの大量生産が、日本を世界最大の漁業国へと押し上げていたのである。

しかし、90年代からは転がり落ちる。たしかにマイワシの減少による影響は強いが、そ

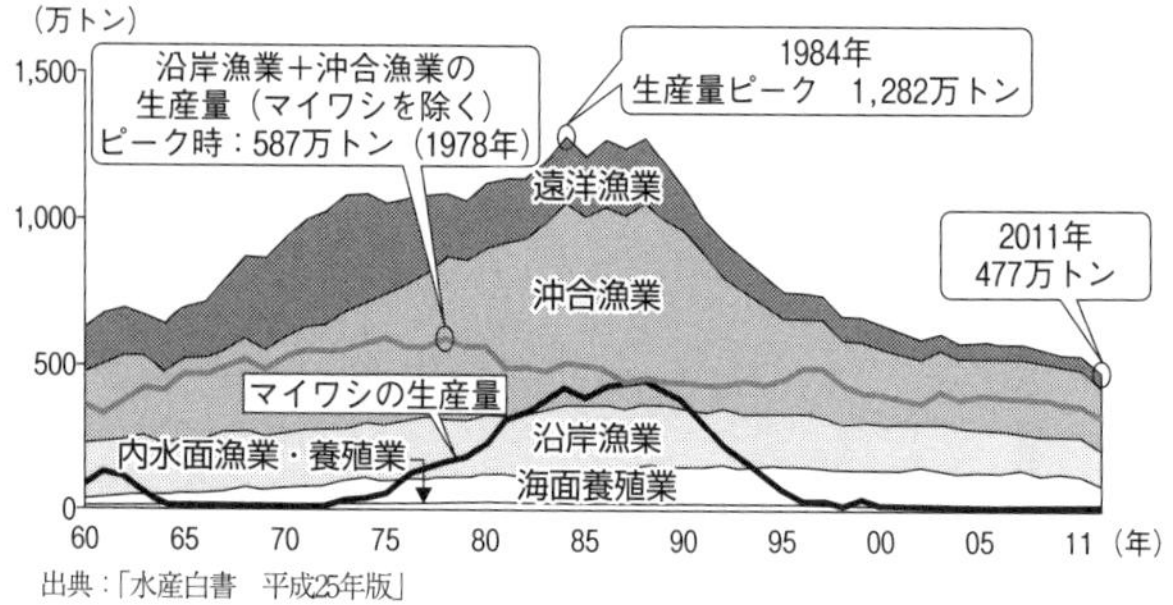

出典：「水産白書　平成25年版」

図１　日本の漁獲量の推移

れを除いたとしても近年は減少傾向にある。

漁獲量だけではない。漁業就業者も激減している。１９６０年は70万人を超えていたが２０１０年は約20万人となっている。

このように、日本漁業は全面的に縮小モードに入っている。世界の水産物需要が増加しているなかで縮小再編が進んでいるだけに、関心も強まっている。そのため「アグリビジネス論」（農業関連産業論）にまねて「アクアビジネス論」とするビジネス文明論や、北欧などの漁業政策の模倣必要論が飛び交うようになっている。

だが、漁業の状況や課題は、農業と類するところもあれば、異にするところもある。圃場《ほじょう》（耕作する農地）として「場」を所有できる農業と、漁場として「場」を所有できない漁業とでは生産のあり方がまったく異なるからである。

また、北欧のような、人口規模が小さく2次・3次産業が発展していない資源国の漁業政策を断片的に取り上げても仕方がない。自然環境がまったく異なるうえ、同じ漁業でも漁労（魚の取り方）文化も、魚食文化も、産業構造も違えば、国の仕組みも、国際的な位置づけまでもまったく違うのだから。

日本の漁業のあり方を問うには、まず日本の漁業の現実を把握することが重要なのである。もちろんそのときに、日本の漁業の仕組みや多面性・多様性などを考慮しなければ、とんでもない誤解を招くことになる。公表されている水産統計だけでは、漁業の状況を表面的にしか捉えられないからである。しかも、政府統計の集計方法は2006年から簡略化されているから、より状況が把握しにくくなっている。

統計の簡略化の問題はさておき、漁業は国、地域によって多様な姿がある。魚種で見るか、漁場で見るか、業種で見るか、経営で見るか、地域で見るかで、その捉えようは大きく変わる。そのことを前提にしなければ、漁業のあり方など考えられない。

†日本の漁業はどう区分されているか

さて、現在、行政管理上の漁業はいくつかに区分されている。

まず、海で行う「海面漁業《かいめん》」と、湖沼《こしょう》・河川《かせん》などで行われる「内水面漁業《ないすいめん》」である。ここからさらに、海面漁業は遠洋《えんよう》漁業、沖合《おきあい》漁業、沿岸《えんがん》漁業と三部門に区分されている。この部門別の定義はしっかりとしているが、あくまで統計上の整理であり、海域別や漁業規模別に分類されているものではない。

三部門の違いを簡単にまとめよう。遠洋漁業はいくつかの漁業種に特定され、沖合漁業は動力漁船の規模（遠洋漁業と定置網漁業を除く10トン以上の動力漁船）で規定され、沿岸漁業はそれ以外である。部門の区分はこれしかない。

おそらく沿岸漁業と聞けば、小規模・零細《れいさい》で沿岸に近い水域で行われる漁業をイメージするであろう。しかし、実際には、投資規模が数億円というレベルの沿岸漁業があったり、母港から遠く離れた漁場（たとえば沿岸イカ釣りなど、北海道の漁船が九州の漁場）で操業する漁業があったりもする。とはいえ、経営体の数でみると、95％以上が家族型経営であり、それらの多くが複数の漁業種を営んでいる。磯場《いそ》（岩場の海底）でサザエ漁を営み、少し沖《おき》（岸から離れたところ）に出て刺し網漁をするなどである。なかには漁業と養殖業の両方を営んでいるケースも少なくない。

沖合漁業といえば、沿岸域からかなり離れた漁場で操業する大きな鉄鋼漁船を思い浮かべるであろう。だが、港から漁場まで30分もかからない沿岸近くで操業している漁業種もあれば、近海カツオ・マグロ漁業のように日本の排他的経済水域（沿岸国が海洋資源の探査・開発・保全・管理に主権的権利をもつ水域）の外側でも操業する例もある。さらには、サンマ棒受網漁業、サケマス流し網漁業、タラ延縄漁業など、時期によって複数の漁業を営むケースもある。

こうした漁業と大別されるもう一つの区分が、養殖業である。養殖業は、「ある一定の海面の区画の中で養殖生産を行う」という揺るぎない特性をもつが、その生産額においては100万円レベルの経営から数十億円の規模まである。

†「面」と「地域」から漁業を捉える

次に漁場を「面」として捉えると、さらに複雑さを感じるだろう。日本の沿岸部から広がる大陸棚には、多様な魚介類が生息しており、その沿岸部にはさまざまな漁具が仕掛けられている。定置網、刺し網、タコかごなどである。その沖には釣りをする漁船や網を曳《ひ》く漁船が展開している。

地域によっては、沿岸海域に養殖施設や大型定置網が海面いっぱいに敷設されていて、船舶の航行はその隙間《すきま》に限られるというところもある。漁船に乗ると、その漁場利用の多様性に気づかされる。そして底曳網や定置網ではたくさんの魚種が混獲されており、漁業種と魚種は一致していない。

さらに「地域」でみると、その多様さに驚かされる。たとえば、宮城県の気仙沼《けせんぬま》市を例にとるとおもしろい。気仙沼市は生鮮カツオ水揚げ量が17年間連続日本一だが、地元に生鮮カツオ一本釣り漁船はない。その水揚げのほとんどは四国、九州の船籍の漁船である。正確にいうと、当市は生鮮カツオの卸売体制が日本一の産地なのである。

また気仙沼漁港は大規模な大中型まき網の運搬船が入港して水揚げする漁港でもあるが、地元に大中型まき網の船団は所属していない。その一方で、地元周辺には、多様な小規模零細経営が多い。たとえば、階上《はしかみ》地区には、ワカメ養殖やアワビ漁などを組み合わせた零細な経営が、唐桑《からくわ》地区には数千万円を水揚げするカキ養殖経営体が、大島《おおしま》地区には養殖を営むかたわら突棒《つきんぼう》（もり竿）によるカジキ漁を営む経営体などが存在する。

そして、サケ・ブリ・サバ類などを漁獲する大型定置網経営が点在し、かなり沖合に展開する大目流し網漁業、近海マグロ延縄漁業などを営む中規模経営体、さらには遠洋マグロ延縄漁業などを営む大規模な漁業経営まで、さまざまな経営階層が混在している。気仙沼市周辺域には、家族労作を基本とした個人経営体もあれば、雇用に依存した個人経営体、家族労作だが法人経営にしている経営体、完全なる企業型経営まで存在しているのだ。

以上のように、漁業を点ではなく「面」や「地域」として見てみると、そこには漁港の背後にある市場や漁協、さらには流通・加工業、物流産業、造船業など、漁業とつながる経済主体や行政機関などの姿も見えてくる。

†複雑に絡んだ秩序と利害

日本の漁業・養殖業に関連する「許認可制度」は、どのようになっているのであろうか。

表1を見よう。まず漁業は、漁業権が必要な漁業、許可を得なければできない漁業、届出をすれば行える漁業、自由に行える漁業の四つに大別できる。

一つめの「漁業権漁業」は、沿岸部で行われる漁業の中で、「古くから漁村集落内で利害調整されてきた漁業」に適用されている。詳細は第6章に譲るが、漁業権とは、こうした漁業の管理権として漁協に免許される組合管理漁業権（漁場を共同利用する小規模漁業と養殖業が対象）と、直接経営者に免許される経営者免許漁業権（一定の区画を占有する定置網漁業と養殖業が対象）に分けられているが、いずれにしても漁業で生計を立てる「地元

制度上の漁業区分	管理主体	制度区分	許認可名称	制度の概要
漁業権漁業（免許制）	都道府県知事	組合管理漁業権	共同漁業権 特定区画漁業権（養殖）	漁場、漁法・養殖法、漁業権管理者（漁協）が特定される
		経営者免許漁業権	定置漁業権 区画漁業権（養殖）	漁場、漁法・養殖法、被免許者が特定される
許可漁業		知事許可	法定知事許可漁業 知事許可漁業	漁場、漁法、隻数が規制され、被許可者が特定される
	農林水産大臣	大臣許可	特別大臣許可漁業 指定漁業	
届出漁業		なし	届出漁業	大臣に届ければ営める漁業
自由漁業	なし		なし	禁止・規制されていない漁法

表1　漁業・養殖業の許認可制度

漁民に優先して与えられてきた権利」である。地元漁民以外も参入できる手立てはあるが優先順位は低い。

二つめの「許可漁業」とは、「本来禁止されている漁法を解除して適法にする」というものである。許可漁業の海域は、沿岸から沖合、遠洋まで幅広い。だが、沿岸近くで行われる底曳網漁業やまき網漁業などは、沿岸漁業者とのトラブルや紛争が多いことから、漁業調整の課題が多い漁業でもある。

三つめの「届出漁業」とは、「農林水産大臣に届ければ営める漁業」であり、国際ルールなど部分的に制限を受ける漁業である。

四つめの「自由漁業」とは、「禁止・制限されていない漁法で行う漁業」である。主として釣り餌・釣り針・釣り糸の3要素で単純に構成されている一本釣り漁業などがこれにあたる。生産性が低い漁業が多い。

このように漁業制度は、権利・許可・届出・自由といった枠組みで分類されているが、単純には理解できない。同じ漁場にこれらすべての漁業が混在しているケースもあれば、同じ漁法でも地域によっては自由漁業であったり、漁業権を必要とする漁業であったり、許可を必要とする漁業であったりするケースもあるからだ。このことは、それぞれの地域の歴史の中でしか理解できないため、一見理解に苦しむところがある。

それだけではない。漁場では、さまざまな漁業・養殖業の利害が複雑に絡み合っていて、さまざまな漁船の航行や操業のルールがある。海は誰のものでもなく、同時に自然に存在する漁業資源も誰のものでもないからだ。

しかも、漁場では、複数の魚種を追ってさまざまな漁船が競合する。秩序が形成されていなければ紛争となる。特に「釣り」漁業と「網」漁業とで同じ魚を漁獲している場合は激しく対立する。もちろん、網を使う漁業の場合、漁業権や許可によって操業できる漁場は限定されているが、魚は移動する。沖合では県境《けんざかい》さえ定まっていないところもあり、法の下にある漁業調整規則や許可条件だけでは、秩序の形成にはつながらない。

そのことから、漁場ごとに、そこで入り会う漁民らによって作り上げられたさまざまなローカル・ルールが存在する。紳士協定もあれば、行政の立ち会いのもと決められたルールもある。だが外国漁船と競合する国際水域では、操業を行う者同士が十分に話し合うことができないため、一触即発のような状態で漁業が行われているのだ。

†紛争はいかに調整されるか

いったん紛争状態になれば、安全な操業が行えないため生産力は低下する。そのため、許認可を担う水産行政と漁業者・漁業従事者との間には、「海区漁業調整委員会」という漁業調整機構が存在してきた。

これは、海面の多様な使い方を促しつつ、「漁場の生産力の向上と漁業の民主化を図ることを目的」とした委員会である。この委員会は、都道府県知事の諮問《しもん》機関であり、行政委員会である。構成委員の大半は漁場利用について詳しい漁民代表者（公選委員）である。つまり漁民参加による調整機構であることが特徴である。

委員会のしくみを端的にいえば、担当行政が提案する漁場の計画（どの漁場にどのような漁業を行わせるか）、漁業権の免許（免許申請者の適格性の審査）、漁業調整規則（漁場利用の制限）、許可（許可申請者の適格性の審査）などの更新案や改正案を諮《はか》る機構である。これらは担当行政官によって事前に調査されているが、その基本は漁民らの当事者間で調整が済んでいることが多い。なぜなら漁場利用をめぐるさまざまな個別の諸事情があるため、行政担当者が利害の調整に立ち入れないことが多いからである。

だが、水産振興を担う政策立案サイドの立場に立てば、こうした漁業の複雑さは大変厄介である。戦後から今日まで漁業技術は発展し続けてきたが、ときには、その新技術の導入をめぐったトラブルも発生してきた。新たな技術が導入されるとき、それまでの漁場利用度合いのバランスが変わるため、トラブルはつきものなのである。

しかし、水産振興策（水産業の経済活性策）を進めようとする水産行政当局は、こうしたトラブルがあるからといって業務をやらないわけにはいかない。そのため、通常は水産振興策と並行して調整業務が進められる。水産振興策に関わる規模が大きくなると、担当職員、漁業調整官、水産業改良普及員、漁協の職員も総動員される。

水産振興には、各県の行政職員が日常において漁業者・漁協との信頼関係づくりができているかどうかが問われることになる。この信頼関係がないと、調整の遅れが壁になって水産振興策が前に進まないのだ。

さて、その面倒な調整業務を取り払うための特区制度が、東日本大震災の混乱の中で復興特区法（第14条）として制定された。

これは「限界集落化した漁村に新しい水産業のモデルをつくる」という振興策として、宮城県知事が提案した「水産業復興特区」である。これまで漁協によって管理されていた特定区画漁業権（養殖を営むための権利）を、企業からの出資を受けて新たな生産・販売体制に取り組む漁民会社（漁民で構成する会社）に直接免許するというものだ。そもそも特定区画漁業権は漁協の下で組合員が行使できる権利であり、行使方法は地元地区の組合員（漁民）の合意形成を基本としているものだ。そのため、企業からの出資を受けて漁民会社が養殖を営むこと自体は阻《はば》んでいない。つまり合意形成を図れば現行制度でも可能であり、実際に実例もある。

だが、その合意形成の過程で、漁場の使い方だけでなく販売面まで含めたローカル・ルール（漁村を守るためのルール）を漁民会社が受け入れざるを得なくなり、漁民会社の自由を制限する可能性がある。そのため「漁業権をめぐる漁民間の関係がネックになって水産業が発展しない」として、宮城県知事は特区制度の導入を強行したのであった。いわばローカル・ルールの存在を否定したのである。

こうして漁民間や「漁協と組合員との間」にある複雑な利害関係を断ち切れば、たとえ漁業調整がうまくいかなくても、企業出資の漁民会社を成立させることができる。つまり、従来からの漁村と漁場にある漁民間の関係を解体してまでも、新たな水産業のモデルをつくろうとするのがこの特区なのである。この特区は、県財政から数億円に及ぶ補助金も準備され、2013年9月に一事例のみ実現した。

このように、新たな取り組みをしようとする経営体を積極的に選別し、そこに財政・施策を集中するというのは今日的な「選択と集中」型の施策でもある。その是非はともあれ、「選択と集中」のために特区まで導入すると、行政の中立性が失われてしまう。明らかにバランスを欠いた状態となり、現場と行政との関係はますます悪化する。この状況の中での調整業務は、形骸《けいがい》化したものにしかならない。

漁業調整という合意形成を基本にして、漁業の発展を目的とした「漁業法」の精神が何を意味していたのかを、あらためて考える必要があるだろう。

†大規模化・集約化すれば良いというものではない

これまで、漁場では資源の先取り競争が繰り広げられてきた。そのことから、漁船間の競争は設備投資の競争でもあった。

かつては船体の大型化、機関の高馬力化、漁労の省力化というハード面の発展が著しかったが、80年代からは、航行機器、魚群探査器、海鳥《かいちょう》レーダー、通信機器、インマルサット（海事通信衛星）、潮流計、漁場を記憶するプロッターなどソフト面の発展が著しくなった。なぜなら、「どこに、どのような漁場が形成されているか」という情報を制するものが漁場で勝ち残るからである。

しかしながら、こうした設備投資は漁業経営体の先行投資体質をもたらした。「負債の返済を借入で補《おぎな》う」という過剰投資体質が、漁業界に蔓延《まんえん》したのである。そして借入の返済が滞った経営体から廃業が進んだ。

そうしたところに、70年代にあった2度にわたるオイルショック、200海里体制（1977年に沿岸から約370キロの管轄権を定めた体制）の突入により、漁業経営の悪化は決定的となった。今もなお、沖合・遠洋漁業は、減船事業や漁業経営体の営業停止による縮小再編が続いている。30年間で約6000隻以上の沖合・遠洋漁船（10トン以上）が減ったのだ。

かつて、日本漁業は「資源は無限にある」として、外へと漁場を広げていった。だが、言うまでもなく資源は有限であり、近年では資源の危機説が強まるようになった。この状況では、今後も漁獲量の増強を図って生産力を高めるのは無理に近い。しかも90年代からはデフレ不況が吹き荒れている。漁獲量で収益増を見込めない漁業経営は、低コスト化対策が喫緊《きつきん》の課題となった。

低コスト化の対策は、主として省エネ化と人件費の削減になる。だが、前者は新たな投資が必要になるし、後者は研修・技能実習制度やマルシップ制度（日本籍船に外国人船員を乗せて使用する制度）などを使って外国人乗組員を乗船させる、あるいはすでに動員しているところでは外国人混乗率を引き上げるしかない。

しかし、いくら漁業技術が高度化・低コスト化されたとしても、経営は安定しないという〝持病〟が漁業には常につきまとう。それは言うまでもなく自然をコントロールできないからである。操業を予定通り行ったからといって、水揚げは予定通りにならない。これは漁業の特質であり、製造業とは大きく異なる点である。

市場の発展とともに、製造業は大企業の寡占《かせん》化や下請け構造化を強めていったが、漁業はその逆である。戦後、遠洋漁業の部門で大企業の寡占体制が形成され、母船式漁業では中小漁業（漁業を営む中小企業）の系列化などが進められた。しかし、こうした漁業構造は長続きしなかった。その構造の崩壊は200海里体制で本格的になったが、それ以前から弱体化していたのだ。

60年代の経済成長に伴って、大手水産の投資先は徐々に漁業から流通加工業へ移っていった。生産が不安定な漁業への投資を続けるよりも、成長の著しい食品市場に対応した流通・加工部門への投資の方が企業にとっては魅力的だったからだ。そうして商事部門、食品加工部門が拡充されていった一方で、漁業部門は海外への直接投資による現地法人に託《たく》されることとなった。こうして各社とも外国資源への権益の拡大を進めたのである。つまり、漁業のリスクを海外に託し、リスクが低く、投資効率が高い流通・加工部門に、資金と人材を集中させたのであった。

投資家のためのコーポレートガバナンス（企業の統治・監視）が実行されている企業なら、不採算部門は整理・統合される。それゆえ、資本制が強まれば強まるほど、企業において初期投資が大きく変動が激しい漁業部門が整理・統合の対象になるのは当然のことであろう。これは日本だけの現象ではない。中国や韓国の漁業系企業の動向も同じである。

その一方で、近年では大企業系の子会社によって、クロマグロの養殖が九州・四国の各地で行われるようになった。これらの企業はクロマグロの養殖に必要な資本と技術者を動員しての参入である。これは漁民にはまねできないことだ。近隣の漁民との調整問題はあるものの、空いた養殖漁場の有効活用法として参入することができたのである。しかし、こうした大企業の国内参入に意味があるのは、クロマグロのような高級商材以外はほとんど見当たらない。

他方で、北海道のオホーツク沿岸・根室《ねむろ》湾内では、漁協関係者の叡智《えいち》によって40年前に開発された集約型のホタテガイの栽培漁業が存在している。いわば大々的に漁場を造成して、分割した漁場に種苗を蒔《ま》いて輪作《りんさく》するという方法である。そこには漁民らが持つ資金と技術を集約して、大規模化を図るための工夫と知恵がつまっている。現在その生産量は20万トンを超え、日本の沿岸漁業の約8分の1に達している。日本の沿岸で、資本制ではない共同経営による大規模化・集約を成功させた数少ない事例であり、漁業による所得の高さも際立っている。これは北欧などの漁業国では見られない動きだ。

†過酷な洋上の仕事に耐えられる動機

それでは、日本漁業の就業状況はどうなっているか見てみよう。新規就業者は一部の漁業や養殖業に若い新規就業者が殺到しているが、それは「漁業を継げば稼ぐことができる」からである。だが多くの場合、漁業就業者は高齢化しており、新規就業者は少ない。つまり、漁業は新規就業者を惹きつける魅力に乏《とぼ》しいということであろう。働く環境は過酷な自然環境であるうえに、魚を獲るという技能を体得するまでに時間を要し、すぐに稼ぎにつながらない成熟した産業だからである。

また漁業には定年がない。怪我でもしないかぎり、体力がなくなるまで続けられる。それゆえ高齢化は必然的に進むものである。そのうえ省力化もかなり進み、たくさん稼ぐ必要がない高齢漁業者の存在が外部からの就業者を阻む要因になっている。だから、これから稼がなくてはならない新規の就業者が少なくなるのも、ある意味当然である。そもそも日本社会全体が高齢化に向かっており、若齢層（10〜20代）の人口が団塊世代（60代前半）の2分の1になっているのだからなおさらである。

さて、漁業就業の動機はさまざまであるが、一般的に重要とされるのは所得であろう。

つらいだけでは後継者は育たない。そこで漁船の乗組員の給与について考えてみたい。

漁船に乗船する乗組員の給与は通常歩合給《ぶあい》である。「漁業従事者は固定給では働かなくなる」というのがその根拠である。

たとえば、よくある漁船漁業の給与体系は、大仲《おおなか》・歩合・代分制《しろわけ》という給与制度である（大仲制を採用しない歩合・代分制というケースもある）。多くの場合、最低保証給も設定されている。

漁業種によって異なるが、大仲経費とは、販売費や氷代などの費用のことを言う。代分とは、分け前の単位を代と言い、1人前を1代と表現している。具体的には、漁労長は2代、船長・機関長・通信長は1・5代、甲板長は1・3代、操縦機長・厨房長は1・1代、甲板員は1代で、乗組員は合計12人（うち甲板員5人）とすると、代は合計15代になる。

そして、それぞれの給与は次のように計算される。水揚げ金額から大仲経費を差し引き、その額を船主と乗組員の間において一定割合（たとえば、船主：乗組員＝6：4）で分配する。そこから、それぞれの乗組員には役職に定められた「代」が分けられるのである。したがって、水揚げ金額が高ければ高いほど給与が高くなり、成績の良い漁船の漁労長ともなればかなりの高給取りである。また、優良な漁労長のもとで働く乗組員も給与が高くなる仕組みになっている。

デフレ不況が強まってからは船員給与もずいぶんと落ち込んだが、今でも好成績の漁船（たとえば沖合底曳網漁船）になると、漁労長の給与は1000万円以上は堅く、20代前半の若手の乗組員（甲板員）でも500〜600万円を稼いでいる。歩合制だから年齢は関係ない。休漁期間は2カ月間あるので、その間に別の仕事で稼ぐ乗組員もいる。外国人船員が乗船している海外まき網漁船で、甲板員の給与が700〜800万円。固定給となる外国人船員の乗船数が増え、日本人の分配金（代）が増加したため、乗組員希望者が順番待ちになっている。

この歩合給制度は、多少の変更はあれども、漁船の機能がどれだけ高度化しても基本は変わらなかった。なぜなら、たとえ技術の投資が進んでも、水揚げ金額は海洋環境や資源状況によって大きく変わるし、また過酷な海上労働を続ける動機は給与が水揚げ金額に比例して高くなるというところにあるからである。時化《しけ》の日の漁は命がけだが、他船が休めば売り上げ単価が高くなる。そのことから、船が新しく、船員が若ければ稼働率が高く、好成績を出す。

だが、もし船員の給与を固定給にすると、出漁意欲は弱まる。時化の日になると出漁しなくなるか、出漁を強いられたとしても安全を確保するために積極的な操業を行わないからである。

それゆえ、船主（漁業会社）と漁労長との関係は一般の労使関係とまったく異なっている。特に腕の良い漁労長になると、その権限はかなり強い。船主からの指示は少ない。もしかしたら漁業は、他のどの産業よりも、資本による労働の支配関係が弱い世界かもしれない。

このことは沖合にでる漁船漁業だけでなく、資本投下が大きく、網揚げのタイミングや乗組員の統制が大事な定置網漁業でも同じことが言える。沿岸で営まれている生業《なりわい》型の漁業においても、単身操業や親子操業あるいは地縁・血縁の関係者との操業が多く、企業的な労使関係のようなものはない。むしろ、日々変化する自然環境の中で、漁民自らの経験と勘と技能が経営に直結している腕の世界である。

このことを理解せずして、漁業の就業者への対策はあり得ない。

†商品経済が求めるものは

だが、市場での競争は、漁場での競争とはわけがちがう。

商品経済が高度に発展した今日、日本の食品市場には世界の食材があふれかえり、市場には定時・定量・定質で価格が安定した「便利さ」が求められてきた。

多くの消費者は魚介藻類が欲しいのではなく、知識や料理の技術がなくても食べることができ、しかも安い食材が欲しいのである。それゆえ、スーパーに並ぶ水産物は丸魚（加工されていない鮮魚）ではなく、すでに食べ方が決まっている加工された商材（開き・切り身・刺身・寿司など）だ。

しかも、今日の小売業界は年中休みなく夜遅くまで開店している。ときには24時間営業している店もある。今の水産物商品は、生産者の事情ではなく、こうした消費者の事情で流通している。

これらの市場のニーズに対応してきたのは、出荷業者・卸業者・加工業者である。彼らは、まったく異なる消費のリズムと生産のリズムを補正するクッション役を演じているのだ。だが、その彼らですら過当競争にさらされ、廃業する者は後を絶たない。

漁業は自然の上に成り立っている。その不確定な「自然」の摂理さえも認めないのが膨張してきた今日の商品経済である。需要サイドが求める商品を供給できないのなら退出せよという。たとえ、自然からの恵みである魚介藻類であっても、「欠品」は許さない。「欠品」が出る可能性がある商品なら取り扱わない。

つまりは商品経済が強まると、「人」や「自然」の都合がどうであろうと、より便利で、より安全で、より低価格で、いつでも購入でき、そして現代の消費者のニーズにマッチし、洗練された「商品」の供給および物流の対応が重要なのである。水産加工業者が供給不安定な地元の漁業に愛想を尽かして、安くて安定して入手できる海外原料を積極的に使う理由はそこにある。しかしその海外原料でさえ安定しなくなっている。

他の産業の市場条件も同じであるが、漁業ほど、この冷徹な商品経済の中で苦しむ産業はないであろう。

✝漁業政策から水産政策への転換

こうした厳しい状況へ、政策はどのように関わってきたのだろうか。

1999年、「農業基本法」に代わる「食料・農業・農村基本法」が制定された。それに追従するかのように、2001年、水産業の理念法が「沿岸漁業等振興法」（1963〜2000年）から「水産基本法」に代わった。このネーミングの変更から、政策は漁業政策から水産政策へと移行したことが想像できよう。

このことは法の目的にも端的に現れている。

沿岸漁業等振興法が、

「**第1条**　この法律は、国民経済の成長発展及び社会生活の進歩向上に即応し、沿岸漁業等の生産性の向上、その従事者の福祉の増進その他沿岸漁業等の近代化と合理化に関し必要な施策を講ずることにより、その発展を促進し、あわせて、沿岸漁業等の従事者が他産業従事者と均衡する生活を営むことを期することができることを目途として、その地位の向上を図ることを目的とする」

であるのに対して、水産基本法は、

「**第1条**　この法律は、水産に関する施策について、基本理念及びその実現を図るのに基本となる事項を定め、並びに国及び地方公共団体の責務等を明らかにすることにより、水産に関する施策を総合的かつ計画的に推進し、もって国民生活の安定向上及び国民経済の健全な発展を図ることを目的とする」

となっている。

沿岸漁業等振興法の目的が、「沿岸漁業等の振興と漁業者・漁業従事者の社会的地位向上」であったのに対して、水産基本法では、「国民生活の安定向上及び国民経済の健全な発展」つまり「国民に対する水産物の安定供給」を狙いとしているのだ。

こうして商品経済への対応が始まった。施策の対象は漁業者・漁業従事者だけでなくなったものの、水産資源の利用が前提となっているため、従来の漁業政策の考え方も踏襲されている。一方で、これまで以上に水産資源の保全とその管理体制が意識され、生態系や環境との調和も重要視される内容になっている。

この水産基本法が制定されてから13年が経過した。その間、それまでの施策は形を変えながら継続されつつも、新たな施策が次々と創出されてきた。

たとえば、資源管理への対策には資源回復計画がある。これは80年代中頃から行われてきた資源管理型漁業（漁業者集団自らが資源を管理し経営を安定化させる取り組み）を推進する事業を、より広域化したものであった。

また構造改革型の支援として目立ったのは、漁船漁業構造改革総合対策事業（漁船漁業の改革の取り組み）や燃油価格高騰対策事業（省エネ対策の取り組み）がある。これらは改革案の実証事業を支援するというものであった。

流通対策も同じである。設備支援もあったが、新たな取り組みの実証事業を支援するというものが目立った。さらには、そのような流れの中で6次産業化（生産・加工・流通を一体化して地域に食農ビジネスを創出する取り組み）が強く推進されるようになった。

他方、魚離れが進むなかで、魚食普及支援型の事業（ファストフードのように手軽に食べられるように工夫する取り組みの「ファストフィッシュ」など）が創出された。また産地機能の強化に関しては、漁村の活力が低迷するなかで、地域支援型の事業（「強い水産業づくり交付金」など）という、これまでのハード重視からソフト重視へと展開している。

いずれも公募・提案型の事業であり、「選択と集中」による施策である。ただし、これらの施策は継続が約束されていない。

✝漁業経営のセーフティネットのゆくえ

そのようななかで継続性のある施策が創出された。

2011年4月に創設された「資源管理・漁業経営安定対策」（創設当初は民主党政権が名づけた「資源管理・漁業所得補償制度」であった）である。

これは、ヨーロッパ・アメリカ・カナダの農政の核にすえられているセーフティネット政策が意識されているが、仕組みはそれとは異なる。また稲作農業に導入されている戸別所得補償制度とも異なる、資源管理と漁業経営への対策がリンクした「収入安定対策」である。

漁業経営のセーフティネットは、1964年から漁業共済制度（漁業共済組合）が存在していた。しかし、これはあくまで自然のリスクのみに対応した掛け捨て型の損害保険である。もちろん加入は任意だったので、漁業者はあくまで掛け金と補てん金（基準収入の8割まで補てん）とリスクとの関係から加入を判断してきた（2010年3月時点の共済加入率は54％に止まっていた）。

一方「資源管理・漁業経営安定対策」では、漁業共済への加入と、資源管理計画の策定が前提となるが、漁業者らが作成した資源管理計画が認められれば、漁業者1に対して政府が3を積み立てる収入保険「積立ぷらす」に加入できるようになった。さらにコスト安定への対策として、燃油高騰と養殖餌料《しりょう》（配合飼料）の高騰に対応した積み立て保険形式（積み立て比率は漁業者：政府＝1：1）の「漁業経営セーフティネット構築事業」も創設された。

これらは収入の年変動から生じる谷の部分の減収を穴埋めする仕組みであり、文字通りの「収入安定対策」である。魚価の低迷や、燃油・魚粉価格の高止まりが長く続いているときには機能しにくい。だが、積み立て部分には政府負担があるうえ、積み立て部分に対して担保を設定できることから、資金調達手段としても一定のメリットがある。このことで共済加入率が2012年末で69％（「積立ぷらす」59％）に上昇した。そしてこれらのセーフティネットに関わる予算は、非公共事業水産予算の3分の1を占めるに至っている。

†政策に何を求めるのか

「市場主義が強まれば強まるほど、失敗すればなかなか立ち直れないハイリスク型社会に移行するのだから、制度的にセーフティネットをつくるべき」という議論がある。これに素直に従うのなら「守り」の要《かなめ》として「資源管理・漁業経営安定対策」というセーフティネットが構築されたのは当然の流れであろう。TPPのゆくえを棚に上げても、である。

一方、競争力の強化を図るさまざまな公募・提案型の事業には、民間の知恵を積極的に採用するという良さはある。しかし、実際の場面で使用して問題点を検証するしかない実証試験型のものが多く、「点」の支援でしかない。

あるいは6次産業化の支援は、個別の異業種連携の推進であり、やはりこれも「点の支援」に見えて仕方がない。実証試験への支援なのだから無駄とは言えないが、事業の範囲が部分的なものが多く、「ひろがり」が見えない。これではせっかくの財政出動も、その効力が分散しているように見えてしまう。

水産基本法の基本理念（水産物の安定供給の確保）からしても、水産政策の重要な課題は、「水産資源・海の環境・海辺の人と地域を守り、発展させること」である。それは同時に、漁業や水産加工業をめぐるネットワークをどう発展させるか、生産者と消費者あるいは産地と消費地をどのように結びなおすかにある。それは「点」の再生ではなく、海で働く「人」たちの再生であり、漁労文化と魚食文化と自然環境をもつ「地域」の再生であり、経済一辺倒の開発を推し進めたことで傷《いた》んだ「国土」の再生である。

そのことを考えるためにも、日本の漁業、内実からあらためて見つめなおす必要がある。そこで、以下の章では次のことを中心に検討する。まず第2章では、水産業全体にある問題を需要と流通の動向から検証する。続く第3章では、外国水域と日本の周辺水域の状況から日本漁船の漁場が狭まっている状況を見る。第4章では誤解を招きやすい資源管理政策の実情について論じ、第5章ではその発展に期待がかかっている日本の養殖業を概観し、第6章では批判が絶えない漁協の仕組みや問題について協同組合論的視点から解説し、第7章では漁村・漁港都市の現況や見通しについて論じる。そのうえで「おわりに」において日本漁業の存続する未来をどのようにして描けば良いのかを記した。

第２章

過ぎた競争がもたらした矛盾

†漁業は斜陽産業か？

第1章でも紹介したように、日本の漁業生産量の落ち込みがよく取り上げられている。

このような状況に対して「漁業は斜陽産業だ」と煽《あお》る論が多いが、その論には何か欠けているものがある。漁業は、水産加工業、流通業と併せて水産業と言われており、これらすべてが縮小再編傾向にあるからである。斜陽と評するなら「水産業の斜陽化」という方が的《まと》を射ている。もちろん、漁業が原因で水産業全体が斜陽化しているのではない。斜陽化を象徴するのは供給面よりもむしろ需要面だからである。

図2を見よう。これは水産物の国内消費仕向量（＝国内生産量＋輸入量－輸出量±在庫増減量）を示している。国内消費仕向量とは、「その年に国内で消費された水産物の量」のことである。

このデータはかなりラフなため鵜呑みはできないが、その推移を追ってみると、1962年は供給体制がまだ十分でなく、輸入もほとんどなかったため、国内消費仕向量は492万トン（食用）であった。その後高度経済成長とともに伸び、80年代中頃から2000年代初頭までは輸入水産物が伸びて800万トン以上をキープしていた。

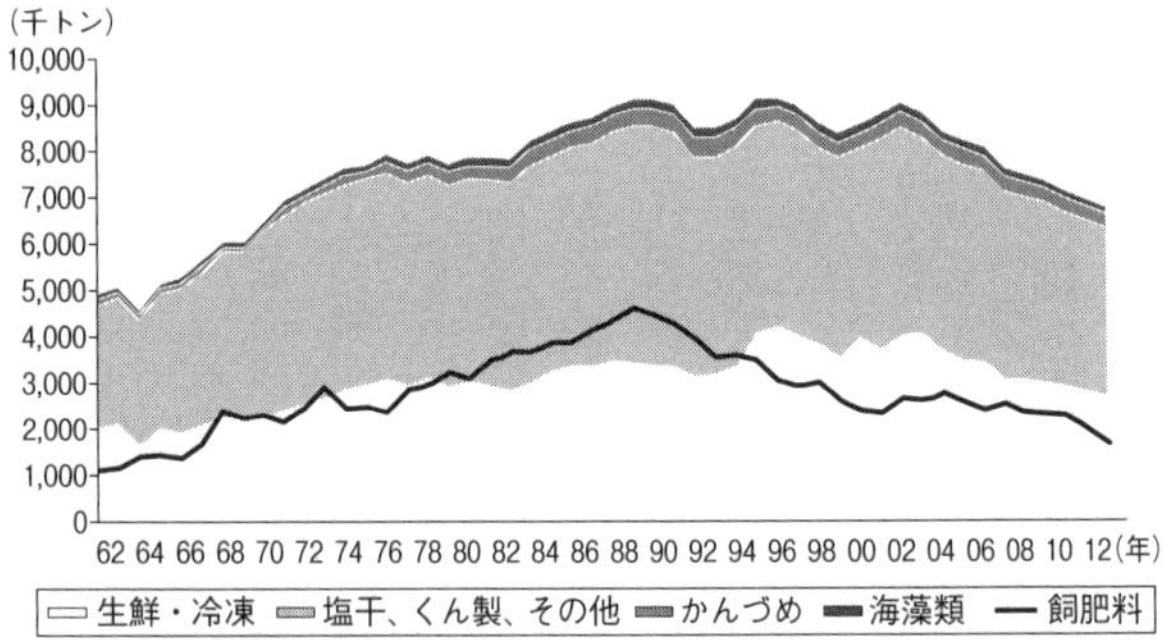

資料：農林水産省「食糧需給」

図2　水産物の国内消費仕向量の動向

だが、2003年からは減少し続けた。非食用（飼料・肥料）も同じ傾向を示す。そして、2011年の食材の国内消費仕向量は約672万トンとなった。水産物市場が成長していた1970年と同水準（約647万トン）になったのである。

1970年の日本の人口は約1億400万人である。そのときと比較して、2011年は約2300万人も人口が多い。この増加分は2008年のオーストラリアの人口（2129万人）を上回るのである。40年間でオーストラリアという国一つぶんの増加があったということになる。

これだけ人口が違うにもかかわらず、これらの年の国内消費仕向量はほとんど変わらない。紙幅に限りがあるためデータは示さないが、この傾向は水産物だけでなく食料品全体の傾向である。つまり、この国の人々は国の成長期と比較して食糧を食べなくなっているのである。

国が成熟したせいか、かつてのように食欲旺盛ではない。少子高齢化および肉体労働者が大きく減少していくなかで、食材消費力が落ち込んだものと思われる。ダイエットブームや健康志向の強まりも関係しているかもしれない。今後さらに少子高齢化が進み、それに加えて人口減少が進むのだから、食材消費力の縮小傾向はこれまで以上のものとなろう。

このことから、高度経済成長から一貫して増え続けてきた水産物の輸入量もかなり落ち込んだ。図3を見よう。2001年に382万トンと過去最高値を記録したが、その2年後から大きく落ち込み、2009年には259万トンまで落ち込んだ。21世紀に入って10年の落ち込みは100万トン以上である。

金額ベースで見ると、2002年までは1兆7000億円を越えていたが、2009年には1兆3000億円となった。世界の水産物市場が成長するなかで、国内は長引くデフレ傾向がとどまらなかったため、もはや輸入品さえその低価格志向に対応できなくなったのである。

水産行政サイドは国内生産者の育成という視点から、政策目標として「自給率の向上」を目指してきた。その政策目標は達成しているようにも思える。だが、達成感はないであ

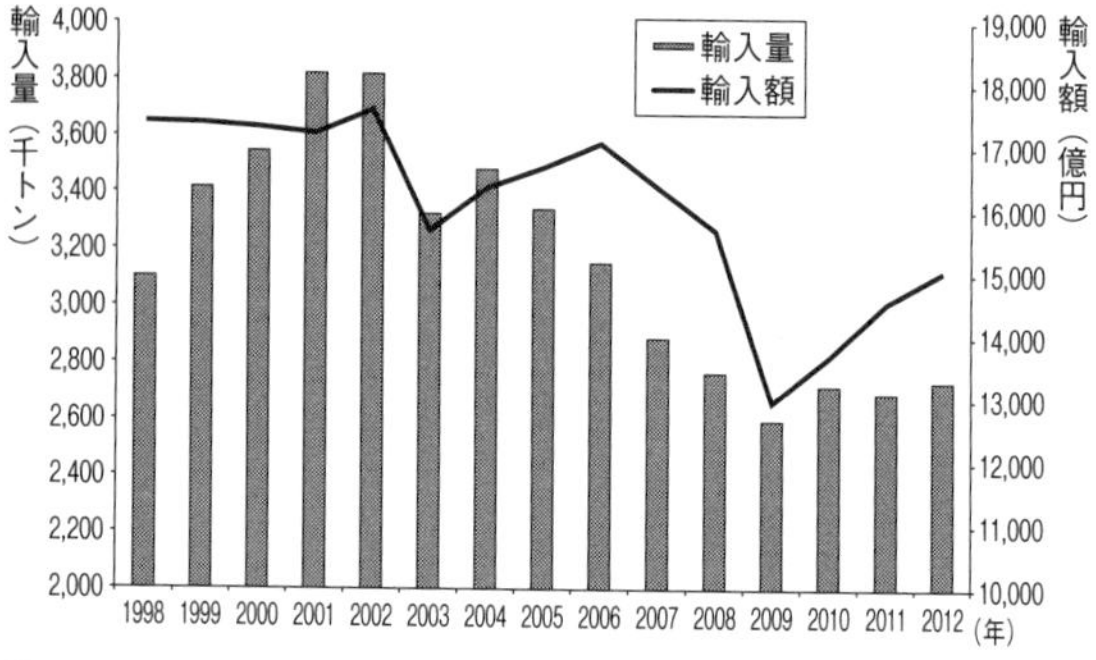

資料：財務省「貿易統計」

図3　水産物の輸入の動向

ろう。国内生産量の落ち込み以上に、「輸入が減少したために自給率が上昇する」という現象になっているからである。

このように見ていけば〝漁業は斜陽産業〟と揶揄《やゆ》する議論がいかに無駄かに気づく。需給動向を俯瞰《ふかん》すれば、供給サイドだけの問題にするのはもはや時代遅れである。むしろ需要の縮小こそが深刻なのである。

2005年に食育基本法が制定されてから、国と地域の水産行政にとって魚食の普及が政策課題のなかで高い地位を占めるようになったが、その背景にはこうした状況があろう。

†水産物の輸出はなぜ増えたのか？

ところで、その自給率とは、国内生産量／国内消費仕向量で表される。先にも触れたが、国内消費仕向量とは、国内の漁業の生産量に輸入量を加え、輸出量と在庫増減量を考慮した数値である。この式から理解できるように、自給率は「輸出が増えると上昇する」しくみであり、「国民の消費需要を支えている」という意味ではない。

水産業は戦前から高度経済成長期までは輸出産業であり、国を支える産業でもあった。高度経済成長期では、日本の輸出総額の5~7%を水産業が占めていたのである。自給率は1964年にピーク（113%）に達し、1973年までは100%を超えていた。

しかし低成長時代に入ってから水産物の輸入が増加し、輸出の落ち込みは止まらず、2000年にはとうとう53%まで落ち込んだ。2002年までその状況が続いたが、その後に自給率は回復し、2010年には62%となった。2011年は58%に落ちこんだが、これは東日本大震災で東北の供給ストップによる国内生産量の落ち込みと輸入量の増加が原因である。

日本漁業という立場からすると、自給率が上昇しているのは歓迎すべきことであろう。だが、国内の消費傾向は先に記した通りである。これから拡大するという展望はなかなか導けない。

こうした状況のなか、輸出に期待する議論は多い。農林水産省も2005年から輸出振興に力を入れるようになっている。

日本漁業の輸出状況を考えるために、図4で輸出の動向を確認しておこう。

もともと日本は水産物の輸出国であったが、円高傾向が強まるなかで減少傾向に転じる。高度経済成長期は、かんづめ（サケマス・カニ・青物《あおもの》など）、真珠《しんじゅ》、水産油脂などの加工製品や、冷凍マグロ類の輸出が堅調であったが、外国為替の変動相場制の導入、プラザ合意などで円高基調が強まり、そうした商品の競争力は失われた。

特にバブル崩壊後の円高基調は著しかった。1988年、輸出量は98万トン、1853億円であったが、その後減り続ける。ドル基軸・円レートが80円を割った1995年には30万トンを割り込み、1999年には20万トンまで落ち込んだ。

だが、その後、輸出は増加し続けて、2006年には50万トンを超え、2007年には60万トンを超えた。50万トンを超えたのは1991年以来、15年ぶりである。しかしながら、これらの輸出増には、円安・ドル高傾向という外国為替相場以外にも背景がある。

第一に、世界各国の水産物の需要の増加と共に、原料としての魚が不足していること。

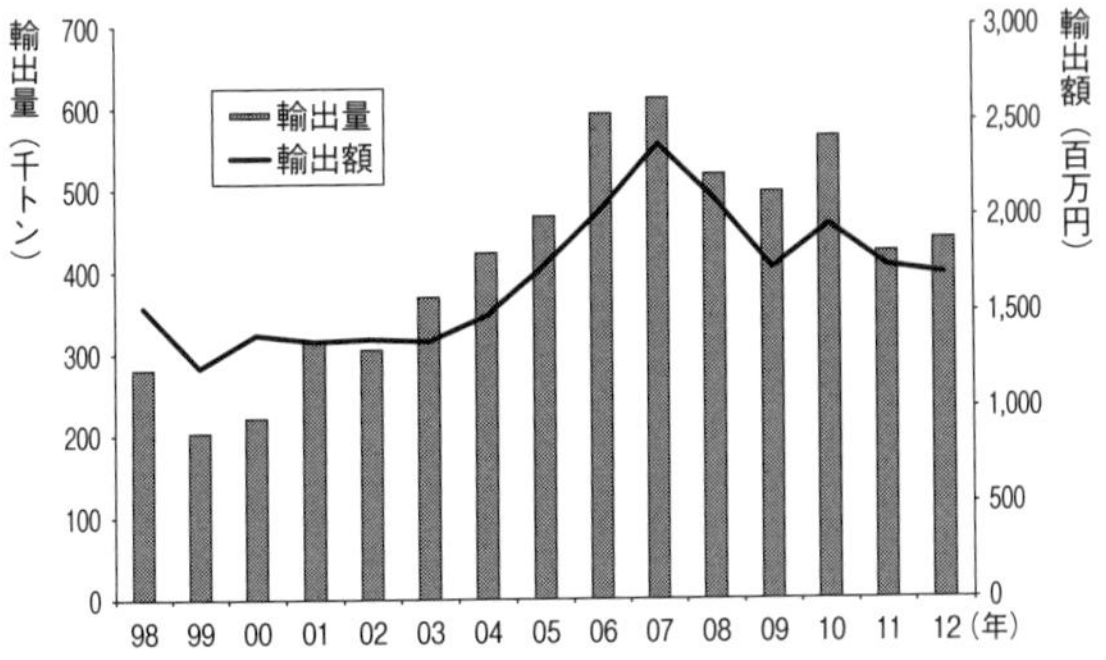

資料：「貿易統計」

図4　水産物の輸出の動向

第二に、魚類の養殖向けにストックしてきたサバやサンマなどの餌料用の冷凍魚を、タイ・中国などの海外のかんづめ工場や東南アジア・アフリカ諸国の市場に供給するビジネスが拡大してきたこと。

第三に、サプライチェーンやコールドチェーン（生鮮食品を低温に保つ流通方式）など、ロジスティック（原材料調達から配送までの物流システム）面のグローバル化が進展したこと。

第四に、そのことで加工貿易が盛んになり、国産原料・国内消費の水産加工製品でさえ、海外で加工されるようになったこと。

第五に、経済のグローバル化のなかで外国滞在の日本人ビジネスマンが増加し、和食レストランが海外で増えたこと（ブリ・マグロなどの寿司ネタとノリ）などである。

そうした背景のなか、リーマンショックによる世界同時不況となり、２００９年の輸出量は50万トンを割った。ところが、２０１０年は円高傾向が強まっていたにもかかわらず、ふたたび50万トンを超え56万トンとなったのである。アメリカについでヨーロッパの金融危機が発生し、円レートが90円台から80円台前半にまで落ち込んでいた時期であったのだが、１００円台から１２０円台に円安傾向が強まった２００５年よりも輸出量が10万トン近く増加したのである。

✝東日本大震災以後の輸出状況

しかし、２０１１年3月11日の東日本大震災後に発生した、東京電力福島第一原発の事故後の放射能汚染問題が、完全に日本の水産物の輸出の勢いを止めてしまった。

２０１１年の輸出量は42万トン、２０１２年が44万トンである。輸出水産物の供給地でもあった東北太平洋側の産地の供給力が大きく失われたという事情もあるが、輸出先の各国の対応も厳しく、十分に輸出できなかったのである。

タイやベトナムなど規制が強くかからなかった国もあるが、中国・韓国・ロシア・エジプトなどシェアの高い輸出先国では禁輸や産地制限が発動された。それでも輸出品目を原料換算すると2011年のその値は53万トンとなり、国内生産量（430万トン）の12・3％を占めている。だが、この輸出割合は漁業先進国のなかではもっとも低い。

とはいえ、海外需要の伸びが国内で安く取引されている水産物を買い支えているのは確かである。ホタテガイ・ナマコ・アワビ・コンブなど、以前から日本ブランドとして一定の地位を築いてきた品目もある。だが今日の輸出は、アキサケ・スケソウダラ・マダラ・カツオ・サバ・サンマなど、海外の水産加工業や海外市場の原料不足に対応したものが多い。

そもそも輸出への対応は、産地の魚問屋が商社の注文に応じる格好で始めたが、漁連（漁業協同組合連合会）などの生産者団体や卸売市場の関係業者も、輸出への取り組みを活発化させてきた。長崎では、中国上海《シャンハイ》に向けた鮮魚の輸出が伸びたが、全面的に展開するには中国国内の鮮魚流通の発展をまつ必要があるため、まだ限定的である。

ちなみに、世界最大の市場をもつ中国は関税が高く、しかも突然変更されるという問題がある。中国市場に安くアクセスする方法はあるようだが、全面的な市場開放に至るのはまだまだ先のようである。インドネシア・インド・アフリカ諸国など、経済成長国の水産物市場の発展のゆくえも気になる。外需の拡大の可能性はまだまだある。

だが、これまでの輸出の伸びが今の漁業・産地流通業者を楽にしたかといえば、決してそうではなかった（ないより良かったが）。円安基調のなかでの展開では、燃油を大量消費する漁業種や、餌料に依存した養殖業では、その燃料と資材のコストも上昇したからである。あるいは輸出を担う業者も、保管費が高くなったために在庫リスクが高まった。一時的に売上げが伸びても、所得が大きく伸びるという状況ではなかったのである。むしろ、資金繰りの厳しい水産事業者のリスクは高まったのであった。

結局、期待の外需は成長しているとはいえ、それがビジネスとして安定しているとは言いがたかった。その最大の要因は、外国為替と石油価格の相場が劇的に変化してきたことである。今後、輸出先国の安心・安全への体制や、衛生基準が厳格化する方向にある。輸出で競合する国も少なくない。クリアしなければならないことは増え続ける。

簡単には外需依存という話にはならないからこそ、内需との向き合い方と、外需への対応力の両面を考える必要があるのだ。

†消費の変容と「魚離れ」の真実

こうした食料産業の斜陽化は、〝日本の食文化の危機〟として捉えなければならない。

食文化は日々の食生活そのものである。その食文化が、経済発展のなかで大きく変容した。そこにある食の豊かさはかつての豊かさとは違う。求められるのは「手軽さ・便利さ・安さ」である。現代の食品は、このニーズにどう応えるかが最大の課題になっている。水産物も例外ではない。いや、その是非はともあれ、水産物にこそ求められているかもしれない。水産庁までもが、2012年から小売業界や食品業界を巻き込んで新商品開発を促す事業（ファストフィッシュ）に乗り出している。ここでは、その背景を探ってみたい。

「魚離れ」という言葉を知っているだろうか。

水産業界の人は聞き飽きた言葉である。これは主に魚食文化の衰退を表象する用語であり、社会現象の意味でも使われる。ネーミングの問題はともあれ、大まかには、消費者が、好んで「魚」を消費しなくなっているということになろう。

この用語が定着したのは、オイルショック時から200海里体制突入時にかけてであった。それ以前からすでに、食の西洋化・国際化による「和食離れ」という「魚離れ」現象はあったが、決定づけたのは200海里体制突入時であった。

このとき魚価の高騰を誘導し、儲けようとした商社は「魚隠し」「魚転がし」に走った。

こうした魚の囲い込みは消費者の不信感を招き、「消費者離れ」が進んだとされている。つまり魚価高騰による突発的な「消費者離れ」が、消費者の「魚離れ」へとつながっていったということである。

だが、「魚離れ」が意味する本質は「国産魚（特に丸魚）離れ＝調理の外部化の進行」である。その原因は、消費者の手軽で便利な食品への嗜好の強まりである。畜産物の供給の相対的増加による水産物の消費の低迷という流れも、「手軽さ・便利さ・安さ」のニーズの強まりの一端として考えられる。なぜなら、肉類は可食部しか流通しないのに対して、魚は面倒な存在だからだ。

魚好きなら鱗《うろこ》がついた丸魚を好む。そのほうが鮮度が保たれるからである。また、腸は取り除かれている方が良いが、あまり包丁が入っていない方が良い。魚の旨味成分（ドリップ）が体外に出ないからである。しかし、鱗も、骨も、尾も、頭も、残滓《ざんし》となり、素早く処理しなければ悪臭が漂う。面倒な側面が多いのである。

それを乗り越えてでも美味しい魚を食べたいと思うかどうかが魚食文化の分かれ道であるが、都市部に人口が集中した今日、魚の負の側面は都市の生活空間にマッチしないのである。

†「魚離れ」論の変遷を辿る

こうした家庭内消費に関する「魚離れ」の議論は80年代から始まっており、その予兆は高度経済成長期から始まっていたと分析されていた（長谷川彰「変わる生活様式と水産物消費」『新海洋時代の漁業』農山漁村文化協会、1988年）。

その「魚離れ」に、近年新たな議論が出ている。日本人は「魚をよく食べる人」と「魚をあまり食べない人」に分裂している、という議論である。

この内容は、「水産白書　平成19年版」でも記されている。しかし、この議論のはじまりは雑誌『漁業と漁協』（漁協経営センター発行）で2006年から連載した秋谷重男氏の『日本人は魚をたべているか』（北斗書房、2007年）の記事からであった。2006年度「水産白書　平成18年版」では「高齢化社会に向けて水産物の需要が伸びる」という楽観的な仮説が出たが、秋谷氏は、家計調査年報を用いて検証し、その仮説を否定した。

秋谷氏は、次のような説明で「魚離れ」現象を説明した。

まず、世帯主年齢が高いほど「肉主魚従」から「魚主肉従」になる。これが「魚をよく食べる人（世代）」である。しかし、そのような水産物消費の加齢効果は団塊世代以上にしか働かず、それ以下の世代は「魚をあまり食べない人（世代）」となるという。その理由として、核家族化が進むに伴い、魚食習慣の世代間継承が失われていくことを挙げている。つまり、これまでは高齢化の進捗に伴い魚を食べる人は増えていたが、今後高齢化がさらに突き進んだ先には魚を食べる人が少なくなる、というのである。

また秋谷氏は、「家庭内での影の労働が見失われて、魚介類はもっとも厄介な食材料として敬遠・放棄されるような支出項目へ移行している」とも述べている。そのうえ、調理食品や外食などにおいても「魚離れ」は進んでいる、という点も指摘した。さらには、若齢単身世帯を分析した結果から、単身者の男女が結ばれても「魚離れ」は解消されないという水産物消費の縮小循環の形成を説いた。

水産行政サイドも、今この現象に強く危機感を抱いており、「水産白書　平成20年版」の特集は「子どもを通じて見える日本の食卓」である。

†激化する小売業界の集客競争

こうした「魚離れ」のトレンドは、小売業界の集客競争の加熱により、さらに強まることになる。

集客競争は、スーパーマーケットが増加した60年代からのことではあるが、この傾向を強めたのは、もっぱら1991年の「大店法」(「大規模小売店舗における小売業の事業活動の調整に関する法律」)改正であった。

この法律の改正前までは、大型店舗の出店申請があれば、その地区に「商業活動調整協議会」が設置され、開店時間・閉店時間・休業日・店舗面積などが調整され、大型店舗の出店が抑制されていた。しかし、そうした出店抑制の機能をはたしていた「商業活動調整協議会」が法改正により廃止され、事実上、大型店舗の出店が自由化された。

それ以来、総合スーパー(GMS)などの大型チェーンストアは急ピッチで拡大し、小売業の売場面積が過剰供給状態になった。もちろん、総合スーパーだけでなく、専門量販店・外食チェーン・遊戯施設の店舗も含まれた大型ショッピングセンター開発の勢いも著しくなった。

ここで、日本チェーン・ストア協会の統計を見て、その拡大状況を確認しておこう。

1991年から2007年の間に、総合スーパーの店舗数は6837から8806に増加している。その後、2012年の店舗数は7895まで減少するものの、より巨大な店舗が出店し、総店舗面積は約96%の増加、1店舗当たりの面積は70%まで増加した(図5

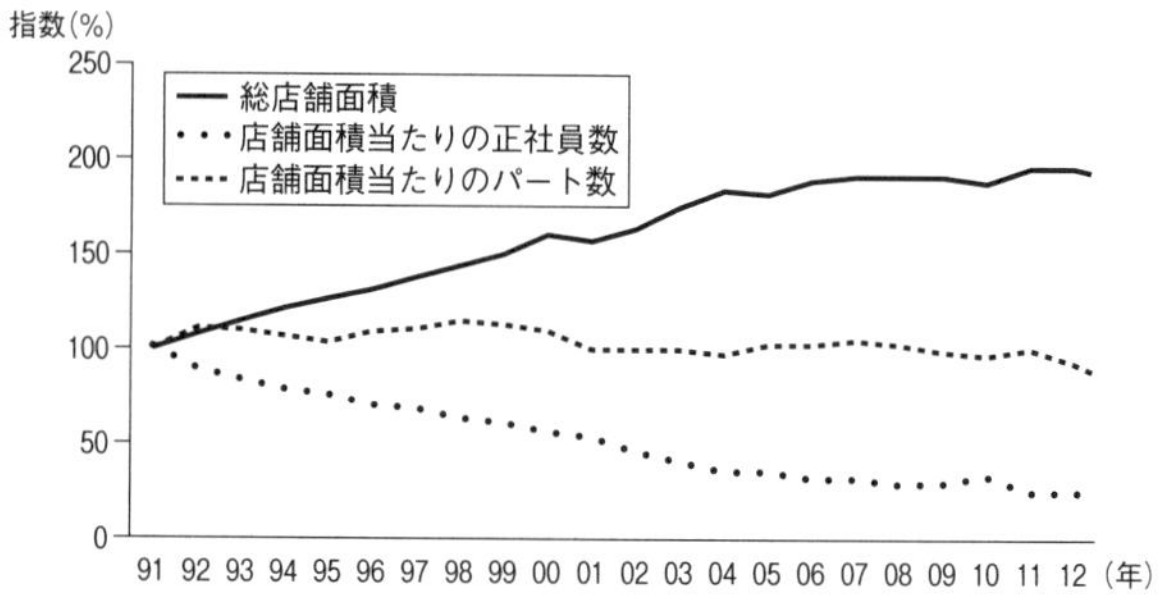

資料：チェーン・ストア協会

図5　チェーンストアの店舗規模の動向

参照）。規制が解かれたのと同時に、デフレ不況・消費不況が進行したため、流通の効率化・集客力の強化こそが小売業界の生き残る条件となっていたのであろう。

こうした店舗と売場面積の過剰化は、店舗間の集客競争をより激化させ、総合スーパー自体の再編を招くことになる。周知のように、マイカルとダイエーは経営破綻した。それでも、大型店あるいはショッピングセンターの新規出店の攻勢は最近まで留まることはなかった。

総合スーパーなど大型店の店舗展開は、市街地ではなく地価の安い郊外の広い土地に広がった。しかも、それはショッピングセンターという商店街に代わる巨大商業施設として展開した。そのことで、市街地の商店街は衰退の一途を辿り、街にある売場の空間配置が

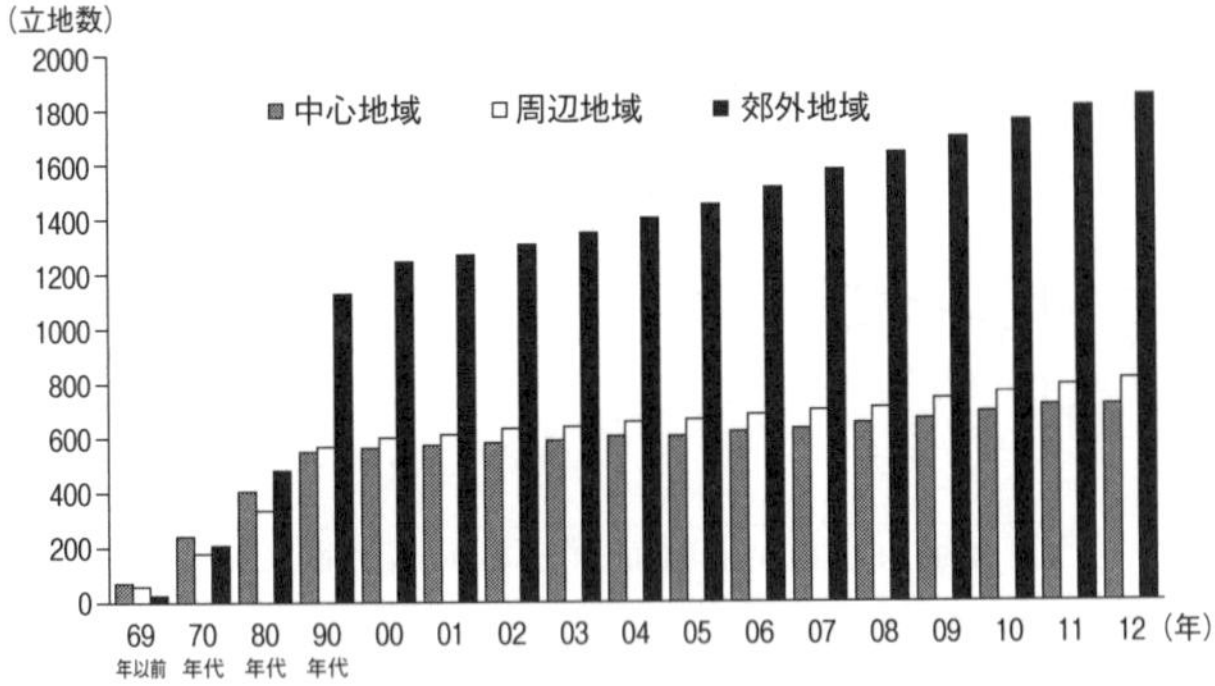

資料：ショッピングセンター協会

図6　ショッピングセンターの立地状況

完全に郊外化した。図6を見よう。2000年以後、郊外のショッピングセンターの立地数が激増している。

消費者の買物様式が市街地から郊外へシフトしたことで、徒歩ではなく自家用車に乗り、また週末に集中するような行動が強まっていく。簡単な買物は、近所にあるコンビニエンスストア（CVS）で済ませることとなる。もちろん、週末の購買行動はさまざまな生活消費財の「まとめ買い」である。当然、魚はその「まとめ買い」の1アイテムである。

こうした状況は、都心部よりも地方の方がより強い傾向にある。なぜなら、都心部は公共交通機関が充実し、地価が高いため自家用車を所有しない世帯が多いが、地方ではその逆で一家に自家用車が3台という家庭も少なくないからだ。

90年代、大都会を除く多くの地域で、公共交通機関がことごとく衰退した。その一方で、世帯において所有する自家用車が増え、そして大型店舗の郊外出店という社会現象が顕著になった。こうして、買物様式はアメリカスタイルに移行していったのである。

†丸魚はなぜ鮮魚売場から消えたか

ところで、鮮魚販売は専門性を問われることから、かつては専門店の独壇場であった。そこでは、丸魚を主体とした〝プロモーション〟が行われていた。つまり、魚の食べ方・料理方法を伝える対面販売である。

しかし、今となっては、一部の先進的な専門店を除き、その多くは活力を失っている。事業所数も激減している。商業統計を見ると、1991年から2007年にかけて事業所数は47%に、販売高は51%に、総売り場面積は61%に減少した。

他方、90年代以後に躍進した大型小売店舗の鮮魚売り場は〝鮮魚〟とはいえ、丸魚の品揃えはごく限られている。多くは消費者の「まとめ買い」のニーズに応えるべく加工され、トレーにパッキングされた冷凍物か、解凍商品である。

それらは簡便性が高く、定番化し、「安さ」が最大の売りとなっている。スーパーマーケットは、鮮魚専門店と違い〝価格訴求力（価格で購買意欲を誘うこと）〟が軸《じく》になったのである。90年代からのデフレ経済・消費不況という経済情勢もこれを助長した。

ただし、水産物の場合、販売ロスが考慮されているし、可食部分に限れば、キログラム当たりの単価は肉より高いケースが多い。とはいえ、価格は他店との比較で強調される競争価格である。

そうした薄利多売方式による販売戦略は、集客効果を上げるだけでなく、売り場面積当たりの利益率を上げるためにコストの節約が必要となる。これを推し進めようとすると、売り場面積当たりの正社員数を減らさなければならない。

もう一度図5をみよう。1991年から2012年までの間に、総合スーパーの店舗面積当たりの正職員数は24%にまで減少した。もちろん、そのぶんパートが増加しているが、店舗面積当たりでみるとほとんど変化していない。統計的な裏付けはないが、多くの店舗で、鮮魚売り場における魚の専門職人は削減されてきたか、そもそも配置されていないことが推定される。そうした売り場では対面販売がなされないため、食べ方の提案などのコミュニケーションは形成されない。

こうした大型小売店舗の定番商品となる原魚の供給を支えてきたのは、80〜90年代に直接投資などで整備されてきた海外の生産拠点であり、安定供給の可能な国内の養殖産地である。スーパーなどの鮮魚売り場には、必ずと言ってよいほど次のような加工輸入製品が定番化し、陳列されている。

東南アジア・インド・中国産のエビ類（ブラックタイガー・バナメイなど）、台湾産のマグロ類、チリ産のサケ類（ギンザケ・トラウトサーモン）、オランダ産のアジ、ノルウェー産のサバ（タイセイヨウサバ）、中国産のウナギ、モロッコ・モーリタニア産のタコなどである。国産養殖物としては、ブリ類（ハマチ・カンパチ）、マダイ、ホタテガイである。

つまり、スーパーマーケットの仕入れ4定条件（定時・定量・定質・定価）に耐えうる供給体制が整えられる商品が、定番品として陳列棚に並ぶことになったのである。その結果、品質が不揃いで、尾頭《おかしら》がついた丸魚の多くは売り場から姿を消すことになった。

†行きすぎた集客競争のもたらすもの

とはいえ、品揃え（商品構成）が良く、安い商品が並んでいるというだけでは集客は伸びない。

そこで顧客の購買意欲を誘うような演出も競い合うことになる。顧客の気を引きつけるために、陳列棚などに産地やブランドをアピールする販促物などが使われる。高度なスーパーマーケットになると、売り場のレイアウトやゾーニング、そして商品アイテムの棚割や商品の陳列なども良く考えられ、客動線までも考慮されている。

この追求がさらに進むと、商品の「値入率」が緻密に計測され、その相乗積が最大になるようなアイテム数やSKU（Stock Keeping Unit：商品の最小単位）が導き出され、平型ショーケース、アイランドショーケースまたは多段式ショーケースをうまく組み合わせた商品の陳列が行われている。

客動線上には、売れ筋の「刺身」や「刺身盛り合わせ」など視覚に訴える商品が華やかに彩《いろど》られている。さらに、そこには派手な見出しの販促物をつけて、均一セールや激安セールの「特売品」などが陳列されている。

他方、今日のスーパーマーケットにおける食品売り場には、ミールソリューション（総菜など下ごしらえをした食材を買う傾向）を意識した高付加価値商品がなくてはならない存在になっている。鮮魚売り場でも、丸魚の姿が消えていく一方で、高付加価値商品が目立つようになっている。その品揃えは、フィーレ・ぶつ切り・切り身・漬け魚・刺身など。

トレーにパックされた生鮮品である。今では「にぎり寿司」も珍しくなくなった。家庭内で残滓を出さない水産物として鮮魚売り場に完全に定番化した。

これらの商品の仕入れ管理は、他の商品と同じくPOSデータ（Point of Sale：販売時点のデータ）にゆだねられている。多くの場合、鮮魚店のように、人が魚食の魅力を伝えることはない。曜日や時間帯などの傾向から仕入れが考えられているのである。

ここでチェーンストアの売上実績の動向（図7）を見ると、食品全体が落ち込むなかで特に水産品の減少が著しいことに気づく。水産物は鮮魚で売れ残った場合、加工され総菜に回るが、切り身などに加工しても販売が苦労していることがこのデータからもうかがえる。集客競争は新たな商品開発を導くが、それが行きすぎて、全体として販売縮小をもたらしているのではないだろうか。

このようにスーパーマーケットの鮮魚売り場は、効率性が追求され、さまざまな側面から改革が進められたが、なかなか魚に出会えない名ばかりの魚売り場となっていったのである。

今日、消費者調査では、魚の購入はスーパーという消費者が7割前後である。残りはそれ以外の業態からの購入であるが、いわゆる専門鮮魚店とて一定の経営規模以上になると、

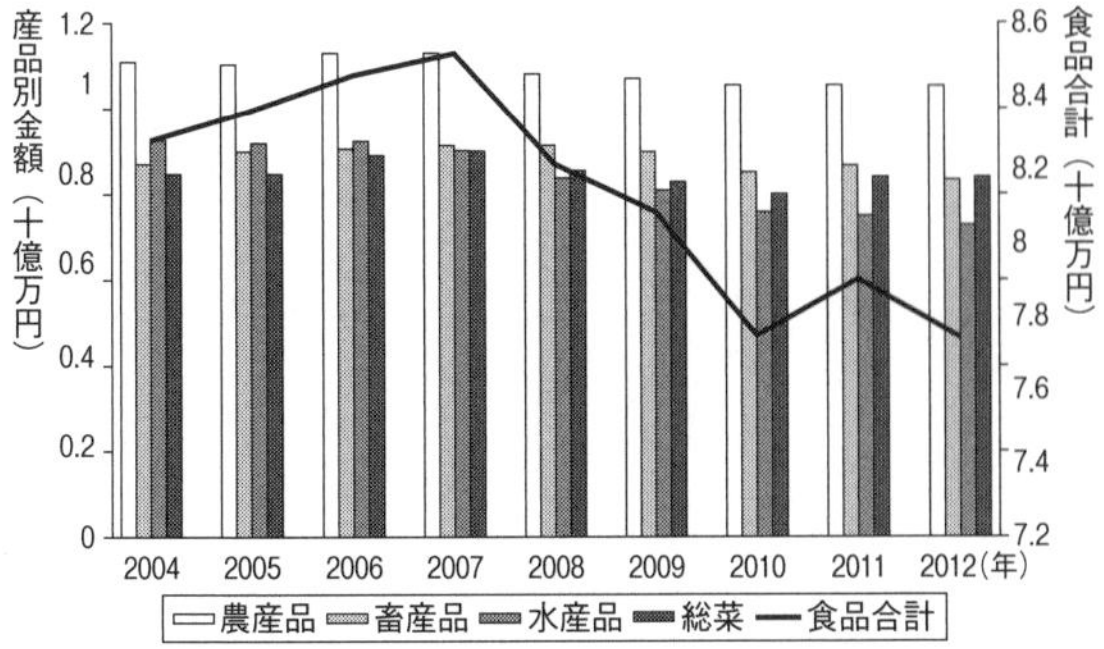

資料：チェーン・ストア協会

図7　チェーンストアにおける食品売上実績の動向

多くの付加価値商品が陳列されている。寿司などがないと、客を引きつけることができないのかもしれない。こうして集客競争が売り場を変革させ、水産物商品のあり方を変えてきた。

ところが、一方で、イオンリテールなど大手量販店では定期的にイベントとして産地との直接取引を実施している。昔ながらの丸魚を中心に、鮮度感を重要視して、対面販売などを行っている。かつて花形だった鮮魚売り場が活気づいていないと、食品売り場が盛り上がらないという判断であろう。ただし、獲れたり獲れなかったりする魚の世界において、直接取引は毎日できるものではない。あくまでスポット的なイベントである。

†小売主導の流通機構の再編

小売業界の再編・大型化が進み、取引先の顧客が大口化した今日では、川上・川中の流通も小売業に従わざるを得なくなる。つまり、今は小売主導の流通が形成されているのだ。こうした状況下で、水産物の流通の需給調整を担ってきた卸売市場の機能が弱体化している。

ここで、水産物流通の基本を概観しておこう。

水産物流通は、卸売市場を経由した流通が基本となっている。青果（野菜・くだもの）、畜肉、花卉《かき》（草花）も同様である。しかし、水産物の流通には青果などと異なる点がある。それは「産地卸売市場」と「消費地卸売市場」という二つの市場を経緯する流通経路がある点である。

その流通経路は、図8のようになっている。

漁業者の販売先はいくつかのケースがあるが、もっとも多いのは産地卸売市場（多くの場合は、漁協が卸業者）である。いわゆる市場出荷と言われているが「市場の卸業者に販売委託する」という意味である。

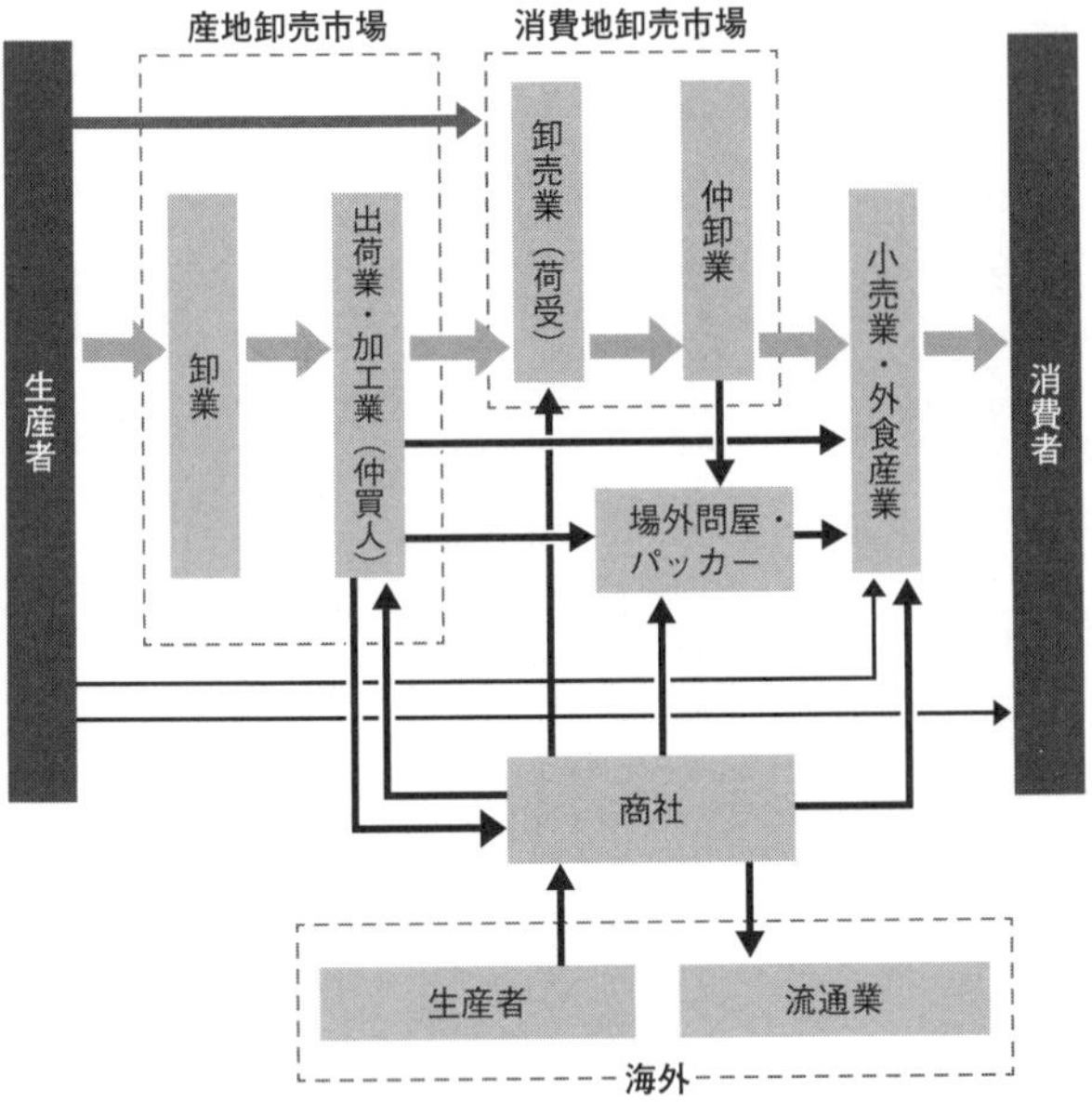

図 8　水産物の流通経路の概略図

市場出荷の流れは、以下のようになっている。まず販売委託を受けた卸業者は、出荷物をセリあるいは入札にかけて仲買人《なかがいにん》（卸業者から商品を仕入れて小分け販売する業者）に販売する。仲買人の多くは、当該市場の買参権《ばいさんけん》を持った出荷業者、加工業者、または小売業者である。

次に、仲買人は落札した魚を選別し、発泡スチロールの箱に入れるか氷で魚体《ぎょたい》に傷がつかないように荷造りをして、消費地の卸売市場に出荷する。これもまた販売委託である。そこから、卸売業者（以下、荷受《にうけ》と呼ぶ）は受け取った荷をセリ・入札あるいは後述する「相対取引」により仲卸業者に販売する。そして仲卸業者が小売業者や外食産業などに販売する。

この流通機構は、日々の天候や海の状況に左右される漁業の特質に適合してきた。すなわち、産地の仲買人は、相場と運搬時間を判断材料にして、利益が出ると思われる消費地に荷を送る。あるいは、卸売市場の間にあるネットワークに乗って、築地など拠点となる卸売市場から他の卸売市場に転送されることもある。転送される荷は、それが不足し相場が高くなっている消費地市場に流れる。そうした場合は、引き合いの強い魚と抱き合わせて他の魚を受け入れてもらうこともある。

供給量が少ないと想定されたら、消費地の価格も産地の価格も堅調となる。逆に、各地の漁港で同じ魚が大量に水揚げされると、消費地の需要が満たされるので、消費地と産地の価格も軟化する。魚は、青果や肉よりも保蔵が難しく鮮度の落ちも早い。そのため二つの卸売市場を挟んだ素早い需給の調整が、広範囲にわたって図られてきたのである。

また水産物の卸売市場内では、こうした集荷・分化・価格の相場形成だけでなく、出荷されてくる魚の品質の見極め（目利き）・販売代金の支払い・回収のリスク軽減・各産地や消費地の情報交換など、さまざまな機能が発揮されている。

こうした多くの過程で構成されている水産物の卸売市場は、供給サイドと需要サイドの意向の落としどころを見つけながら、円滑に魚が流通する仕組みになっているのだ。

†弱体化する卸売市場

しかしながら、この卸売市場の流通の機能が、今弱体化している。

特に価格の調整機能が、である。

かつて、この卸売市場の最終利用者の多くは、専門鮮魚店・寿司屋・料理店であった。彼らは魚の専門家であり、小口で零細な事業者たちであった。彼らは、卸売市場の関係者とのコミュニケーションを通して、旬《しゅん》の商材を仕入れる。
もちろん、彼らはそれぞれの店の客単価の水準に合わせて仕入れていた。たとえば、高鮮度・高級魚を好む顧客が多い店では、価格が高騰していても品揃えを意識する。また、板前好みの商材だけを選んで仕入れるケースもある。

あるいは、高級感よりも手頃な価格の魚介類を選び、買い物客にその調理方法を説明しながら販売するケースもある。彼らは客単価との関係で仕入れるため、商品の規格はあまり問題でない。注文を受けてから販売時に調理・加工するからである。こうした彼らの販売意欲・買付意欲が、卸売市場における価格形成力の重要な要素であった。

ところが、こうした価格形成力は、過当競争による小売業界の再編（総合スーパーの展開・スーパーマーケットの大規模化・コンビニの出店拡大）や外食産業の再編（回転寿司チェーン・居酒屋チェーン）により失われていく。これらの大口業界は、安い輸入原料に依存した水産加工製品や手軽な食材を大量に採用して、集客競争で勝ち残ってきた。コンビニはベンダーと呼ばれる中食事業者からの仕入れに大きく依存しているが、大手コンビニと取引するベンダーもかなりの大口需要者である。おにぎり、弁当の具材として水産物もたくさん使われる。

デフレ不況も手伝って、消費者はより低価格志向を強めた。それにともない、大口の末端業者の事業はさらなる拡大を図り、低価格・大量ロットを実現しようとしてきた。そのようなチェーンストアの拡大再生産が繰り返され、商店街に向かう買い物客は激減して、小口の既存の事業者が廃業していった。

こうして、従来の価格形成力が弱まっていったのである。その結果、漁業の生産量が落ち込んでも、価格が十分に上昇せず、生産額が低迷する構造が形成されていった。

✝大口を優先させる「事前相対」の功罪

今日、消費地の卸売市場における取引形態のほとんどが、「相対取引」になったと言われている。

相対取引は、「現物を前にしてセリを行い、もっとも高値を出す買人《かいにん》（仲卸業者やその販売先の小売業者など）に販売する」という取引とは大きく異なるものだ。荷受の担当者（魚種別に専門的に配置されている担当者）が、買人に直接交渉して販売する取引である。

しかも、今日鮮魚流通の場合は「事前相対」という、産地から荷が届く前に、前もって販売を成立させるケースが増えている。この事前相対による販売の多くは、大口需要者への納入を優先させるために行われている。

筆者が聞き取った範囲だが、その一例を見ておこう。

市場に現物が集荷される前日に、大口需要者である小売業者（あるいはそれと取引している仲卸業者）は、仕入れたい水産物の量と価格を荷受に注文する。この多くは確約ではなく、注文したからといって必ず買うというものでもない。

だが、それを受けた荷受の担当者は、彼らの注文に対応できる産地の出荷業者（以下、荷主《にぬし》）へ連絡し、産地の情報を聞きとる。たとえば漁船の漁模様の情報などを聞きとったうえで、荷受は産地の漁況が注文に見合うような状況であれば注文する。

ただ、ここでも注文とはいえ契約でないため、約束した価格での取引が履行されるとは限らない。もしかしたら、その大口需要者が他の荷受に同じ注文をして、安い価格で先に事前相対を成立させる可能性も否めない。スピード感が必要になるのだ。それゆえ、荷主が注文の商材を仕入れることができれば、その後の連絡で荷受は事前相対の取引を成立させる。こうして市場に集荷される前に取引が成立する。

つまり「事前相対」は、契約なしで荷を先取りできる予約型の取引である。集荷力と荷主との信頼関係がなければできないものだ。大口需要者を引きつけるためには、荷受の力量が問われるのである。

荷主は需要先のことはわからないが、荷受との信頼関係において注文に応じようとする。産地価格が高騰して、逆ざや（売り値より仕入れ値の方が高くなる）のケースでも注文を履行することもある。信頼関係があれば、他の取引で穴埋めすることもあるからだ。信頼関係が築かれていなければ、このような取引はなされない。それゆえ、産地の卸売市場では大口需要者に対応する荷主とそうでない荷主とに二極化した。

このような「事前相対」がある一方で、他の需要者には次のような「相対取引」が行われている。

通常、出荷業者は仕入れた魚介類を消費地の卸業者に販売委託するが、荷を送る前に魚種別・規格別のロット情報を送付する。それを受けた荷受者は、各地の出荷物一覧（相場を考慮した価格が設定されている）を作成し、その一覧を仲卸業者へ回して注文を受ける。受注がなかった荷に対しては、卸業者が直接仲卸業者に交渉する。それでも販売が成立しなければ、他の市場に転送してさらに販売委託する。

こうして他の需要者にも荷が送られる前に取引は成立するが、それは大口需要者に荷が先取りされた後のことである。

もっとも、大口需要者との付き合いを控《ひか》え、魚屋など小規模な需要者との関係を大事にしてきた荷受も存在する。それは大きな消費地よりも、産地に近い消費地に多い。もちろん、取扱規模は大きくないが、セリとまで行かなくても現物取引を重要視しているからだ。

†冷遇される魚屋職人

荷受の担当者は、常にあらゆる産地の荷主と、市場内の仲卸業者、その先にいる小売業者と連絡を取り合っているので、産地と消費地の情報を蓄積している。

だからこそ、注文に見合った荷主を探すことができるし、小売業界への提案もできる。産地の業者と小売業界とをつなげている彼らは、規格・数量・価格を巡る調整役を演じるのである。

だが、その調整役を演じる担当者は、大口需要者との取引が多くなると大口需要者に妥協を求めることが難しくなり、荷主サイドに努力を求めることの方が多くなる。主導権はどうしても大口需要者に握られる。

では、なぜ、このような状況になるのであろうか。

もちろん、その要因として、デフレ不況、消費不況の影響がある。しかし、それだけではない。取引関係から見ると、荷受の担当者にとって大口の取引先を失うことは、取扱高を激減させ営業成績を落とすことになる。そのため、取引先との関係が悪化しないような行動をとらざるを得ないのである。

大口需要者は、「より要望を受け入れる荷受」に注文する方が得となる。複数の荷受との関係を持ち、産地仲買人との直接的な関係も持ったうえで、各荷受あるいは産地仲買人の取引要件を天秤《てんびん》にかけて、より条件の良い取引先から仕入れる。水産物を消費者に安く提供するためには、当然の行動であろう。

以上のことは、市場経済における競争であるため、法令に触れるわけでもなく、その是非はない。ただ、こうした大口需要者のバイイングパワーがあまりにも強くなったために、卸売市場の本来的な機能が発揮できなくなっているという問題は触れておかなければならない。特に問題なのは、価格の調整機能と、それと密接に関係する目利き機能が失われることである。

事前相対などの大口需要者との取引は、事前交渉であるため現物を見ない取引である。小売業者のバイヤーは、日々変動する水産物を品定めせずに魚種・サイズ・価格・数量を日々注文している。しかも、小売業のバイヤーは、売り場での値入率やロス率に関心があるので、交渉の関心事は価格設定に偏《かたよ》っている。

また彼らは店舗の中で、日替わりする魚の品質を買い物客に説明するわけでもないので、水産物の品質についての知識が店舗の担当者にも蓄積されにくい。それゆえに、目利きである荷受の担当者が品質に見合った価格を交渉しても、水産物についての知識が共有されず、荷受の担当者が納得できるコミュニケーションができない。できないからといって、荷受の担当者は大口の取引先に対して強気な発言はできない。このような図式が強く働くようになって、卸売市場の機能が弱体化したのである。

そして、今、卸売業界が作り上げてきた水産物流通の骨格である人的ネットワークすらも崩壊しようとしている。

†産地の反撃

こうした大口需要者による流通の統制は、産地市場にも及んでいる。

出荷業者にしろ、水産加工業者にしろ、これに対応できる一部の仲買人だけが成長し、それ以外の仲買人との規模格差を広げた。そのことで、産地の卸売市場では寡占化が進んだのである。地域内の大手の仲買人が販路を拡大していれば、産地の卸売市場の価格形成力は維持されるが、そうでなくなったとき一気に冷え込むという状況になっている。

図7をもう一度見よう。現状では大口需要者の水産物の販売力は落ち込んでいる。明らかに末端では買い付け意欲が弱まっている。これではどうしようもない。

大口需要者は、集客競争に勝つために流通コストを引き下げる必要がある。その方法は、「卸業者にさらなる努力をもとめる」か、「自ら直接仕入れる」かだ。今、後者の動きが強まってきている。

他方、消費地卸売市場での取引が不振であるために、産地からも小売業界や外食産業に直販する動きが強まってきた。いわゆる「市場外取引」である。

市場外取引をするためには、代金回収リスク・販売先の与信管理・クレーム処理を実践する営業部門に人材とコストを回さなくてはいけなくなるが、価格交渉ができるというメリットが生まれる。大手スーパーとの直接取引では「帳合《ちょうあい》（代金決算などを行う）」を担当するスーパー指定の商社を介して取引するケースが多いが、そのメリットを生かせる事業者が直接販売に乗り出しているのだ。

ところが、図7で見たように、小売業界では鮮魚売り場の販売が落ち込む一方で、総菜や調味・加工製品の販売は堅調である。「魚離れ」が進むなか、小売業界の店舗ではより加工度の高い食材が売れ筋になっているのである。産地サイドもこのニーズに応えるべく、調味・加工製品などの付加価値の開発と販売に尽力している。

水産加工業者は、大別すると下処理を専門とする業者と最終消費形態の商品にする業者とが存在するが、直販体制を強める事業者は原料から製品まで製造するラインを自ら整備してきた（下処理は下請け事業者に委託するケースも多い）。そして自社ブランドを開発し販売する一方で、チェーンストア、コンビニ、生協などと提携してプライベートブランド（PB）商品の製造を請け負うようになっている。

産地の事業者と小売業界との直接取引が拡大すると、荷受の立場はますます弱くなる。荷主も直接取引を優先し、あまった荷を荷受に送るというケースも増えている。卸売業界は、こうした縮小再編に陥《おちい》っているのだ。この危機的状況のなか、持株会社にしてグループ企業の統制を強めたり、卸業者間の連携を強めたり、輸出業務に力を入れたりなど、さまざまな対応が図られている。

また産地では、地産地消体制がかなり進捗した。道の駅や漁港に直売所がたくさん見られるようになった。農協の直売所に魚介類が陳列されることも少なくない。土日になれば近隣都市部から自家用車で買い物客が集まるようにもなった。観光バスのコースに設定されている直売所も多い。流通コストがかからないうえに、高価格で売れる魚介類も多い。地域格差もあるが、既存の流通機構への対抗としてこのような状況ができあがっている。特に西日本では新たな直売所の出店が今も見受けられる。

今日的な流通経済は、スクラップアンドビルドで再生産される。新しい商品が開発され、既存の商品は陳腐化する。常に新しい商品が開発されない限り、伸びない世界である。しかも需要が縮小局面なので、新規開発の展開が早くなっている。

水産業界はどうやらその状況に疲れはてているのではないか。過ぎた競争がもたらしていることは市場の破壊のように思えてしかたがない。

第３章

海外水域の漁業は今

†風前の灯火となった遠洋漁業

かつて我が国は遠洋漁業大国であった。遠洋航海に耐えうる大きな日本漁船が、世界の海を駆《か》け巡っていた。その当時、漁村には漁労長に憧れて遠洋漁船の船員を希望する若者が多かったそうだ。漁業界では遠洋漁業の漁労長が最高峰の地位だったからである。

統計上で分類されている遠洋漁業の生産量を見ると、1973年に399万トンを記録している。これは過去最高の生産量であり、今の日本漁業の生産量全体の約8割という数値である。それが2011年には43万トンとなっている。ピーク時の約11%である。漁業4部門のなかで遠洋漁業は最下位であり、養殖業の半分にも満たない。

2011年における、遠洋漁業の漁業種別の生産量のシェアを図9に示した。現在、最大のシェアは海外まき網漁業となっている。次に遠洋マグロ延縄漁業、遠洋カツオ一本釣り漁業と続き、遠洋底曳網漁業、遠洋イカ釣り漁業そして以西《いせい》底曳網漁業となっている。

表2は国際減船の対象となった漁業種の漁労体数を示した。政府統計の「漁業センサス」の公表の限界から2008年までしか示されないが、遠洋底曳網漁業、遠洋イカ釣り

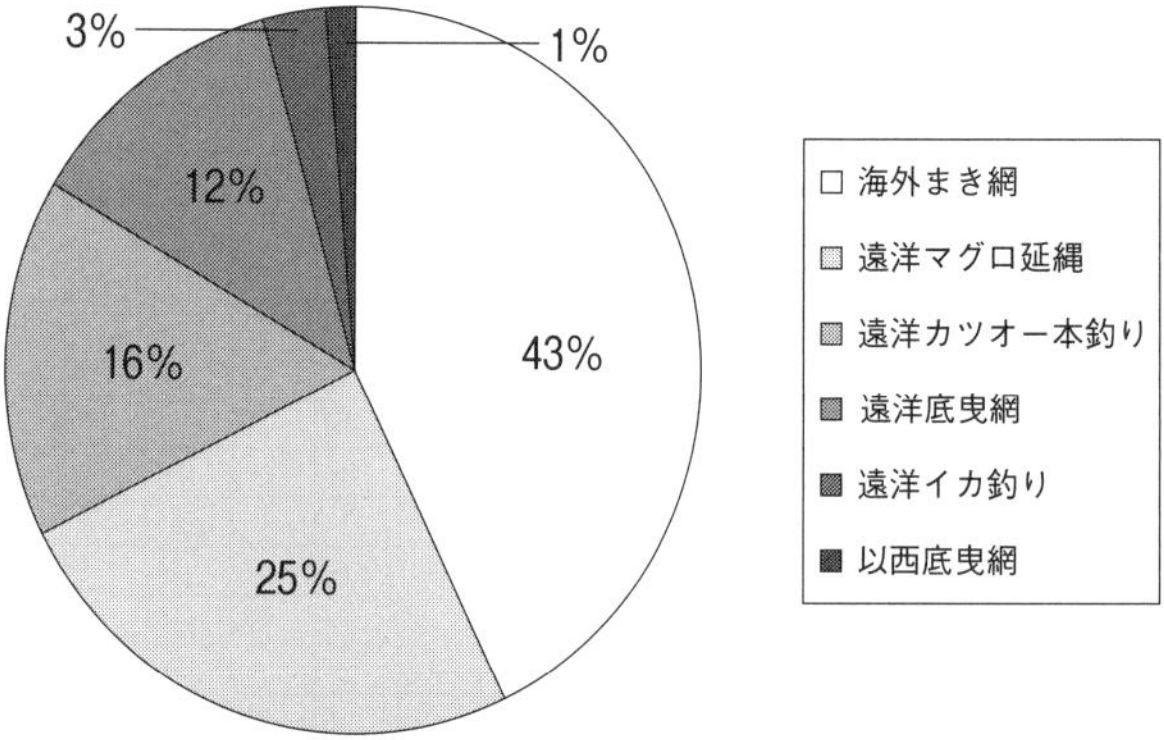

資料：農林水産省「漁業・養殖業生産統計年報」

図9　遠洋漁業の漁業種別の生産量の割合（2011年／計43万トン）

漁業、以西底曳網漁業においては10統を下回っている（統とは、複数の船で一つの網を運用する場合は船団数、それ以外は漁船数を意味する）。これらの漁業が全盛期の時は、200統以上が稼働していた。遠洋マグロ延縄漁船も80年代までは800統（＝隻《せき》）以上あったが、現在300統以下にまで落ち込んでいる。

遠洋漁業は、なぜこのような状況に陥《おちい》ったのであろうか。

それは海をめぐる国際体制の大きな変化と、漁業経営を取り巻く水産物市場や金融環境の変化が関係している。

まず国際体制の変化で取り上げなければならないのは、1977年にアメリカと旧ソ連が国連海洋法条約を先取りする形で、200海里

			76	77	78	83	88	93	98	03	08
北洋漁業	母船式サケ・マス	船団数	10	6	4	4	1	—	—	—	—
		隻数	332	245	172	172	43	—	—	—	—
	サケ・マス流網	隻数	1,674	1,518	1,270	1,067	857	266	245	62	59
	母船式底曳網	母船数	9	6	6	6	—	—	—	—	—
		付属船	123	102	97	55	—	—	—	—	—
	北方トロール	隻数	42	42	40	37	33	13			
	転換トロール	〃	15	16	16	16	12	7	30	14	9
	北転船	〃	181	179	97	97	54	30		＊	＊
捕鯨業	母船式北洋捕鯨	母船数	1	1	1	—	—	—	—	—	—
		捕鯨船	9	8	7	—	—	—	—	—	—
	母船式南氷洋捕鯨	母船数	1	1	1	1	—	—	—	—	—
		捕鯨船	7	7	7	7	—	—	—	—	—
	近海捕鯨（大型）	〃	10	7	7	5	—	—	—	—	—
	近海捕鯨（小型）	〃	7	7	7	9	9	9	9	5	4
その他	イカ流網	隻数	—	—	—	465	428	—	—	—	—
	遠洋イカ釣り	〃	—	—	—	—	—	80	66	16	3
	南方トロール	〃	107	116	115	45	67	26	13	＊	＊
	以西底曳網	〃	216	219	220	189	148	87	33	22	11
	遠洋カツオ一本釣り	〃								37	39
	遠洋マグロ延縄	〃	838	841	847	747	807	767	679	568	281

資料：「漁業センサス」および「漁業・養殖業生産統計年報」

注＊：2003年からは北方トロール、転換トロール、北転船、南方トロールをあわせて「遠洋底曳網漁業」としてカウントされている。

表2　国際減船となった漁業種の漁労体数（統数）

（沿岸から約370キロ）水域内の排他的管轄権を宣言したことである（200海里体制）。それまでの両国は、公海（特定国家の主権に属さず各国が自由に使える漁場）自由の原則を日本と一緒に貫き、南アメリカやアフリカ諸国の200海里の主張を受け入れなかったが急転したのである。

その後、世界の沿岸国のほとんどが200海里体制に入った。日本は、中国・韓国の両国の間ではこれまでの漁業協定（領土問題があるため海を国別に分割せず旗国《きこく》主義［公海・公空にある船舶や航空機は、その旗国が管轄権を有するという原則］に基づく漁業管理）を維持したが、ソ連との関係では200海里を宣言し、日ソ漁業協定を締結した。公海域が一気に狭まったのである。それまで公海域だったところでも、沿岸国の200海里水域内に囲い込まれると、漁業交渉を経て、その沿岸国に漁業技術を供与し、漁獲割当を得るために入漁料（200海里水域内で他国の漁船が操業するときに支払う料金）を支払うなどの対応が必要となった。

次に漁業経営に関連することをみてみよう。

遠洋漁業の担い手は、漁業への投資と漁船のオペレーションを行ってきた中小企業あるいは大企業である。だが、漁業経営は初期投資が大きいため、金融機関などから資本を調達しなければならない。しかも漁船間の漁獲競争を勝ち抜くために漁船は大型化し、次々と新技術を導入する傾向にあった。そのため、水揚げの不振が続くと、返済のための資金を重ねて調達しがちであった。

1973年のオイルショック時に打ち出された金融対策も、その状況を強めた。少なくともバブル経済の終焉までは金融機関の貸付競争があったために、漁業もまた負債が累積する経営環境が続いたのである。そしてバブル経済からデフレ不況に入った90年代からは、それまで借入を抑制しながら利益を確保してきた優良経営でも苦境に立たされることになる。

この背景には外国漁船との競合がある。特に遠洋マグロ延縄漁業である。日本漁船が開発した漁場でも、海外水域であれば、その漁場には必ず韓国・台湾・中国などの外国漁船が出没する。

しかも、日系資本からの技術供与で競争力を備えた外国漁船も少なくない。なかには日本人の漁労長によってトレーニングされた外国漁船も多い。さらに、船員給与は日本漁船と比較にならないほど安いため、外国漁船が日本の水産物市場でシェアを広げたのだ。

もちろん日本漁船も外国人船員をたくさん採用している。しかし、海事法規や行政監督が緩《ゆる》い国々と比較するとコストダウンに限界があり、コスト競争力ではかなわない。そのうえ金融機関の対応が厳しくなるなかで新規の借入ができなくなり、老朽化している漁船が多い。さらに邦人船員も不足し、かつ高齢化している。

こうした状況のなかでも生産量を維持してきた漁業種として、中部太平洋海域やインド洋でカツオ類とマグロ類を生産する海外まき網漁業がある。しかし世界的に見ると、これらの海域のカツオ類とマグロ類の大半は外国漁船に握られている。国際市場のなかでは日本漁船のシェアは低く、シェアを奪還できるような状況ではない。

こうして遠洋漁業全体を俯瞰すると、今後も縮小再編が進むと言わざるを得ない。母船式漁業・エビトロール・北洋延縄など、遠洋漁業部門で消滅した漁業がいくつかある。そのうえ風前の灯火《ともしび》となっている漁業種がいくつもあり、消滅の危機に直面している。

このまま遠洋漁業はなくなってしまうのだろうか。そのような危惧《きぐ》感が漁業界に漂っている。この問いを考えるために、遠洋漁業の歴史を辿ってみたい。

✝日本の遠洋漁業の歴史を辿る

我が国では戦前から海外漁場を開発していたが、著しかったのは高度経済成長期である。特に1952年、GHQ（連合国軍最高司令官総司令部）の撤退に伴って、漁区を制限していた「マッカーサー・ライン」が撤廃されてからである。

それまでも操業可能な水域は限られていたものの、戦後復興と食糧難のなかで漁業への投資は過熱していた。戦後から漁船の建造ラッシュが続き、数年の間で日本近海域は漁船が過密になっていたのである。つまり、その後の遠洋漁業開花に備えたエネルギーが蓄積されていたのであった。

だが、マッカーサー・ラインの撤廃に併せて、周辺沿岸国は日本漁船の進出を恐れて国際行動をとった。その結果として、アメリカ、カナダとの3カ国で「日米加漁業条約」（1952年）が結ばれ、一方で韓国は「李承晩《りしょうばん》ライン」（1952年）を一方的に設定し、中国とは国交がない状況のなかで「日中民間漁業協定」（1955年）が結ばれ、ソビエト連邦とは「日ソ漁業条約」（1956年）が結ばれた。

このように、遠洋への道が開かれた直後から国際規制が始まっていたのである。しかしながら、日本の遠洋漁業は新しい漁場の開拓と漁業転換政策（過密になった漁場から漁船を減らすために未開拓の他の漁業種に転換させる政策）を推し進めることによって、全体として持続的に生産は拡大されていった。

当時の遠洋漁業の象徴と言えば、母船式漁業であった。母船式漁業とは、1〜2万トン級の工船（母船）をいわば洋上の基地にして、複数の附属漁船が漁を行う大規模漁業である。母船では漁獲物の凍結《とうけつ》、加工（解体、かんづめなど）が行われる。戦前期から大手水産会社による事業として発展していたのである。

GHQの統治下では、特別に母船式捕鯨《ほげい》漁業および南方に向かう母船式マグロ漁業が再開した。GHQの撤退後では、母船式サケマス漁業や母船式カニ漁業など北洋漁業も再開した。次に母船式底曳網漁業も始まった。大洋漁業、日本水産、日露漁業、極洋捕鯨、宝《ほう》幸《こう》水産など大手水産会社の独占的事業として展開したのである。これらの大手水産会社の系列下に各地の中小漁業資本が属し、附属船として活躍していた。

その他、南シナ海、ミクロネシア海域など南方海域に出漁していたカツオ・マグロ漁業、以西底曳網漁業、以西トロールなどもより遠洋へと展開した。これらの漁業にも大手水産が関わっていた。

✝消滅していく母船式漁業

しかし、60年代初頭には母船式漁業（サケマス・カニ・マグロ）が陰《かげ》りを見せる。日ソ漁業条約で母船式サケマスの漁獲割当が決められていたが、それが1961年に条約締結直後の半分になったからである。

1960年頃からは、南シナ海、オーストラリア・ニュージーランド沖、北西大西洋（カナダ・アメリカ沖）、南東大西洋（アフリカ沿岸）、南極海、南インド洋などでレンコダイ・アカウオ・ホキ・タコ類・オキアミ・イカ類・エビ類などを生産対象とした南方トロール漁業と、ベーリング海でスケソウダラを主漁獲対象とした北方トロール漁業が勃興する。漁船規模は母船ほどではないが、それでも２０００トン以上はある大型工船トロール漁船による漁業である。もちろんその大半が大手水産会社による漁業である。

それとは別に、北洋では、日本各地の沖合漁場からベーリング海や天皇海山《てんのうかいざん》などの北方漁場に操業海区を転換した底曳船（以下、北転船《ほくてんせん》）や、北洋延縄・底刺し網漁船が増加する。北転船は主としてスケソウダラやカレイ類、タラを漁獲対象とし、北洋延縄・底刺し網漁船は、ギンダラ、キチジ、メヌケを漁獲対象としていた。

こうした北方トロール、北転船、北洋延縄・底刺し網漁業などの北洋勢力が加わったことで、北洋底魚漁業は60年代に急拡大する。そして遠洋漁業の勢力図は大きく変わった（図10を参照）。

だが、その後、母船式漁業の勢力は急速に落ち込む。母船式マグロ漁業は１９７４年に完全撤退し、母船式捕鯨は「国際捕鯨委員会」（ＩＷＣ）が１９８６年に採択した商業捕鯨の全面禁止によって消滅した。母船式底曳網漁業は１９８６年を最後に、米国水域での漁獲割当が０となってアメリカからの洋上買付専用の漁船となった。母船式サケマスはソ連から漁獲割当量を減らされながらも細々と続けられていたが、１９８９年を最後に消滅

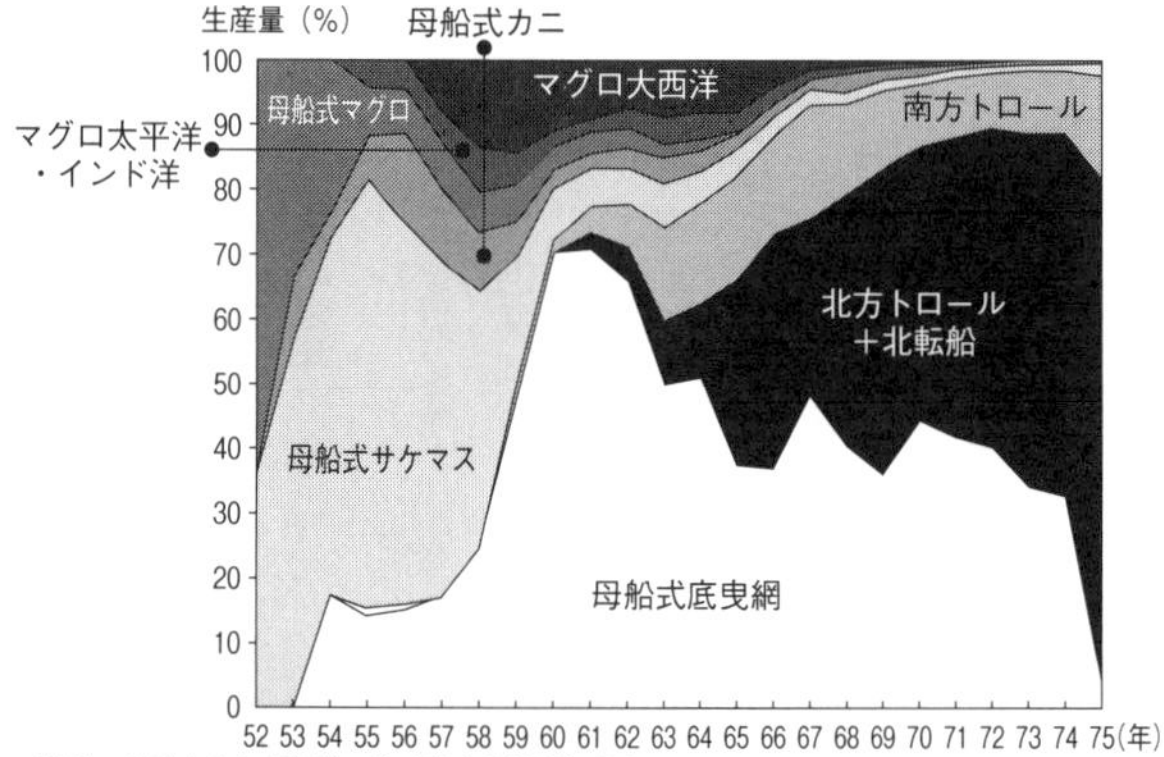

資料：農林水産省「漁業・養殖業生産統計年報」

図10　遠洋漁業の勢力図

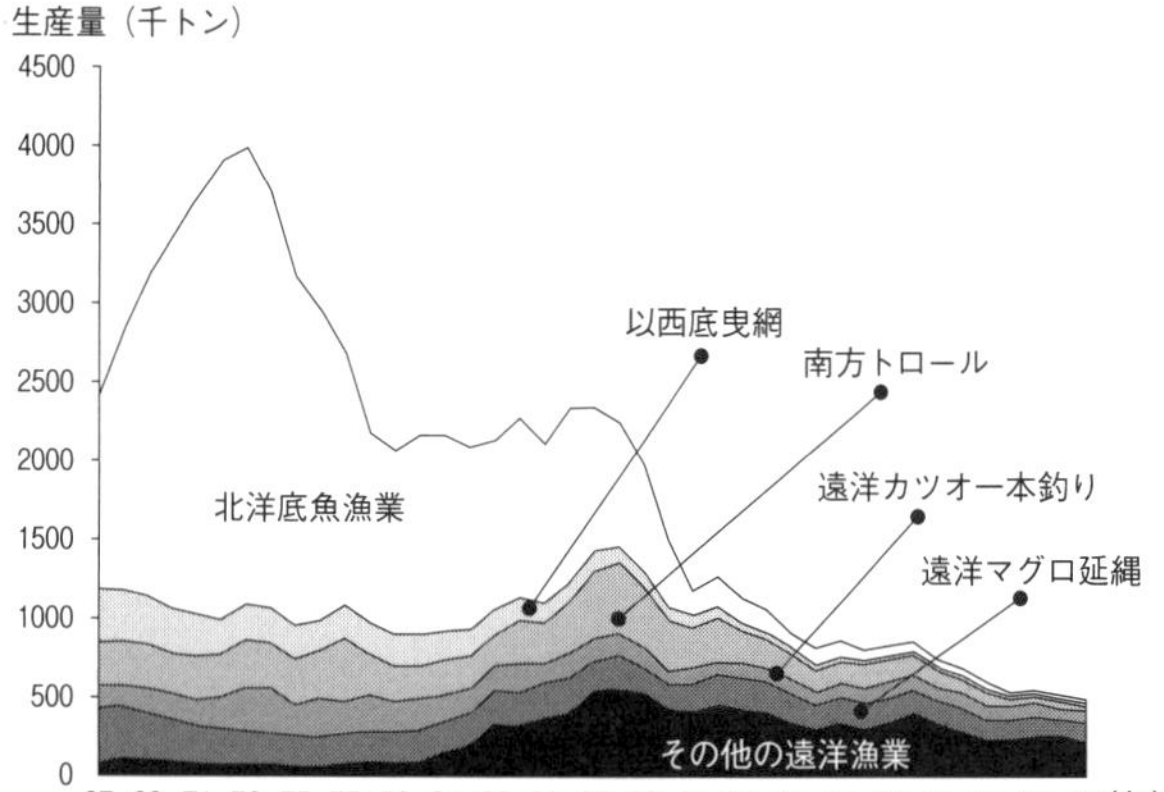

資料：農林水産省「漁業・養殖業生産統計年報」

図11　北洋底魚漁業の変遷

した。
こうして国内には商業ベースの母船式漁業がなくなった。いまや、残すは調査捕鯨のみである。

✝北洋底魚漁業の盛衰

次に図11を見よう。70年代前半、北洋底魚漁業だけが急拡大していることが見てとれる。北洋底魚漁業は、1973年に過去最高の290万トンを記録したが、この水揚げの大半はスケソウダラであった。北洋漁業の拡大を後押ししたのは、このスケソウダラを原料にした冷凍すり身技術の開発である。

かまぼこ・ちくわ・魚肉ソーセージ・さつま揚げ・じゃこ天など、各地のすり身製品は水揚げ後の魚体を潰してそのまま製品化しなくてはならなかったが、1965年には製品の原料となる「すり身」が洋上《ようじょう》（工船内のライン）で製造され、冷凍保管できるようになったのである。つまり、すり身の原料の大量生産・大量ストック・安定供給が可能になったのだ。

このことで、これまで使われていたエソ・グチ・イトヨリなどに代わって、より安価な冷凍すり身原料が使われるようになった。しかも全国に展開・普及したのである。これはまさに革命的出来事であった。

こうして60年代中ごろから70年代初めにかけて北洋底魚漁業が全盛期を迎えたが、その後大きく後退する。

その理由の一つは、1973年の第一次オイルショックである。大量漁獲によりベーリング海、オホーツク海のスケソウダラ資源状況が悪化するなかで、オイルショックによって燃油価格が高騰したため、母船式を中心に多くの底曳網漁船が撤退したためだ。

さらに、1977年には米ソが200海里体制を宣言し、「排他的経済水域」(沿岸国が200海里までの海域にもつ主権的権利)内の日本漁船を締め出した。そのうえ1979年には第二次オイルショックが発生する。こうした一連の事態において他の遠洋漁業も打撃を受けたが、そのなかでも北洋底魚漁業への打撃がもっとも大きかったのだ。

†遠洋漁業はいかに衰退したか

こうして70年代に遠洋漁業の一角が崩れたと言える。

その後の状況は悲惨である。アメリカは日米漁業協定に基づく国際交渉の中で、自国の排他的経済水域で操業する日本漁船への漁獲割当枠を年々減らし、１９８７年には０とした。その一方で、１９８２年から技術供与を伴う合弁《ごうべん》事業形式（外資と国内企業が共同で出資して会社を設立して行う事業形式）によって、アメリカは日本漁船（母船式底曳網漁業の母船、北方トロール漁船、転換トロール漁船）の漁獲物の買い取り（洋上買付）を年々増枠した。

この背後には、アメリカ内のカニ漁船の不振があり、底曳網漁業への転換を図るという意図があった。つまり、日本にとって洋上買付は漁獲割当を確保するための手段であり、あくまで技術供与を求める対米協力としての事業であった。スケソウダラの他、コガネガレイも買い取り枠となった。

だが、その買い取り枠も１９８７年から減らされ、１９９１年には０に至った。ベーリング海のアメリカ水域から完全に日本漁船の姿が消えたのである。技術供与が完了したのだろう。

この合弁事業に積極的に参加した大手水産などはインポーター（輸入者）としての権益を握ることができたが、冷凍すり身はアメリカの輸出産品になってしまったのである。しかもアメリカ輸出企業の輸出カルテル（業界内の価格調整）が許されるという状況の中で、である。

また旧ソ連の排他的経済水域においても、日本漁船の割当がしだいに減らされていった。日ソ間の漁業交渉において、一方的に入漁料が引き上げられ、漁獲割当量や割当魚種が削減されたからである。近年、北洋漁場に出漁する遠洋底曳網漁船（旧北転船）は数隻のみという状況である。

また、遠洋漁業ではないが、2003年からは樺太《からふと》の沖合で操業していた北海道の沖合底曳網漁船も完全に撤退。沖合底曳網漁船が日ロ交渉で入漁する漁場は、釧路《くしろ》沖底船団と八戸《はちのへ》沖底船団が入漁する北方領土の沖合漁場のみとなっている。

北洋へ出漁していた遠洋底曳網漁船は、かつて大小併せて300隻以上の勢力を誇っていたが、2013年は3隻のみの出漁計画となっている。北洋刺し網や北洋延縄も皆無状態になった（天皇海山水域で1隻のみ刺網漁業が行われている）。

かつては北洋底魚漁業の拠点だった北海道稚内《わっかない》、釧路、青森県八戸、宮城県石巻《いしのまき》、塩釜《しおがま》に訪問しても、北洋漁業の存在が失われている。1988年が最後の出漁年だった母船式サケマス漁業の基地・函館《はこだて》においては、もはや遠い昔のこととなっている。200海里体制前は1500隻以上の勢力だった中部サケマス流し網漁船は、2013年の出漁数が33隻（中型14隻、小型19隻）であった。この漁業の最大の基地だった根室《ねむろ》は、まだ基地としての存在感は残っているものの、かつてのような活気はまったくない。

1977年に大国・旧ソ連とアメリカが発した200海里宣言は、世界に広がった。この2国の宣言だけでも、東北と北海道の漁港基地に与える影響は大きかったのである。

†200海里体制後の新たな動き

しかし、一方で200海里体制後に拡大する漁業もあった。

遠洋イカ釣り漁業、南方トロール漁業、海外まき網漁業である（図12参照）。

遠洋イカ釣り漁業は、日本近海域での不漁をきっかけに60年代末からニュージーランド沖合で操業に取りかかったと言われているが、本格化するのは70年代からである。70年代には150隻前後が操業していたというが、その後1985年からはアルゼンチン漁場、フォークランド島漁場での操業が拡大し、さらに90年代にはメキシコ湾、ペルー沖合へと漁場が広がった。

図12を見ると、遠洋イカ釣り漁業は、90年代はまだ好調だったことがわかる。しかしながら、やがてそれらの資源も激減し、なおかつ00年代に入るとアルゼンチンにおいては地元船員の採用を強制され、その後合弁事業による裸傭船《はだかようせん》方式（船のみ貸す傭船契約）によ

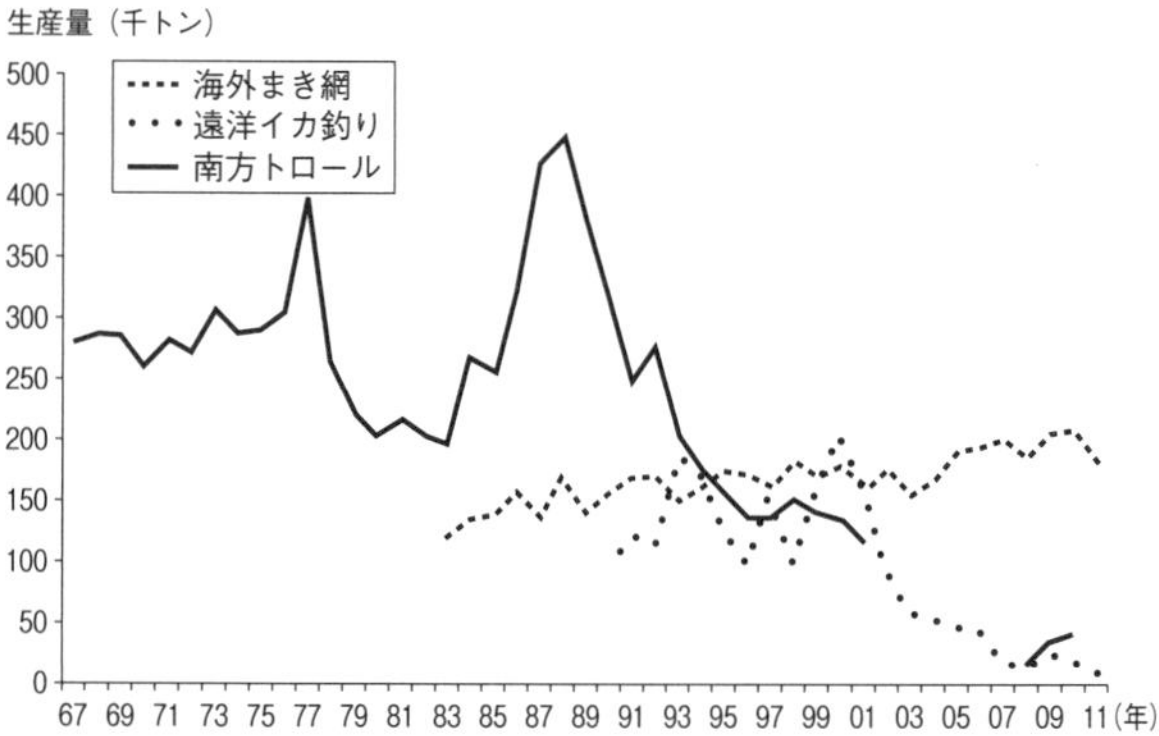

注　：2002年以後、南方トロールの生産量は遠洋底曳網漁業の生産量に組み込まれたため公表されていない。2008〜2010年については水産庁資料

資料：農林水産省「漁業・養殖業生産統計年報」

図12　200海里体制後に拡大した漁業

る入漁になった。そのため撤退する漁業会社が続出し、現在、遠洋イカ釣り漁船は7隻のみとなっている。

南方トロール漁船は、200海里体制に入り、それまで開発してきたアフリカ沿岸域漁場（モーリタニア、モロッコ、南アフリカなど）や北米大西洋漁場（カナダ、アメリカ沖合）への入漁が沿岸国の規制により難しくなり、一時期は漁獲量が落ち込んでいた。だが、ニュージーランド沖やアルゼンチン沖や公海漁場においての操業で、ホキというタラ系の魚やイカ類を大量に漁獲できたこと、さらには南氷洋でのオキアミ漁も好調だったことから80年代に漁獲量が再浮上し、1988年に過去最高の45万トンを記録した（図12参照）。

しかし、沿岸国の排他的経済水域の操業は合弁事業形式による入漁が基本だったことから、技術供与が進むと徐々に漁場を失うことになった。南方トロール漁船は大型投資の漁業のため、漁場を一度喪失すると代わりの漁場がなく廃業せざるを得ない。こうして90年代に一気に廃業が進み漁獲量は急減した。そして近年、最後の大型工船トロールが廃船となり、歴史を閉じようとしている。

海外まき網漁業は、60年代後半から北部太平洋まき網漁船（千葉県から北海道までの太平洋海域で操業するまき網漁業）が南方海域（中部太平洋海域）でカツオ・マグロを漁獲していた実績から始まった。もっぱらかつおぶしの原料の供給産業として発展したが、近年ではかんづめの原料として輸出も増えている。

この漁業は米国式巾着網《きんちゃくあみ》という大型の単船形式の漁法を採用しているので、船団操業する国内のまき網とは様相が異なる。海外まき網漁業は80年代から本格化し、国内の遠洋カツオ一本釣り漁業や遠洋・近海マグロ延縄漁業と激しく漁場で競合していく。

その一方で、70年代後半、遠洋カツオ一本釣り漁業は冷凍カツオの過剰供給による価格低迷によって厳しい経営が強いられてきた。燃油資金の借入返済も行きづまっていた。

そうしたなかで、遠洋カツオ一本釣り漁業は50隻を減船し、そのうち10隻を海外まき網漁業に転換するという減船・転換政策が行われた。優良漁業への転換である。また、その他にも、近海一本釣り漁船や近海の大中型まき網漁船から、海外まき網漁船に集約するという転換策も行われた。

200海里体制に入っていたとはいえ、当時の海外まき網漁業の漁場の多くは公海であったため、沿岸国から追い出されるような要素が少なかった。しかし、それでも遠洋カツオ一本釣り漁業や遠洋マグロ延縄漁業など、既存の遠洋漁業との競合・調整があったために、80年代の転換政策後から最近まで海外まき網漁業の勢力は35隻体制に止まっていた。

とはいえ、日本国内にあるまき網漁船としては最大級である。そのため、この隻数でも漁獲量は15万トンを上回る状況が続いた。統計が整備されたのは1983年からであるが、海外まき網の生産量は少しずつ増えつづけ、近年では20万トン近くを推移している。しかしながら、カツオ資源が潤沢《じゅんたく》な状況の中で巨大な外国のまき網漁船（スーパーザイナーと呼ばれている）が増加し、操業海域での日本船は劣勢になっている。これには中部大西洋のカツオ・マグロ漁業をめぐる国際関係が影響している。

†国際漁場の漁業管理体制の今日

遠洋漁業は、成り立っていくための条件を一方的に失う運命にあった。たとえ日本が先行投資で漁場を開発したとしても、それによる既得権益は国際関係の中で奪われていくからである。そして、外国の排他的経済水域ならまだしも、その状況が公海漁場にまで及んだことが、遠洋漁業の急激な縮小再編を決定づけた。

200海里体制後、沿岸国の排他的経済水域から追い出された日本漁船が向かったのは公海漁場であった。公海漁場ならば、沿岸国の規制の対象にならないからである。

日本の北洋底魚漁船はベーリング公海へと展開した。しかし、その漁場には周辺沿岸国(アメリカ、ロシア)だけでなく韓国やポーランドなどの遠洋外国漁船も集中したため、スケソウダラ資源が激減した。この公海漁場と接するアメリカとロシアは、1993年の資源危機を理由に2年間のモラトリアム(一時停止)を設定する。それによって日米漁業協定などの国家間の協定の枠組みで、同海域に入漁していた遠洋漁業国(日本、韓国、ポーランド)を牽制《けんせい》した。そして、1995年、これらの沿岸国と遠洋漁業国において漁業条約を締結。1993年以来、現在までモラトリアムが続いている。

また、ロシア水域から追い出された北洋サケマス流し網漁船の転換先であった北太平洋公海漁場（アカイカが漁獲主対象）には、日本の漁船だけでなく、韓国、台湾の漁船も殺到していた。だが、ここでは流し網による海産ほ乳類と鳥類の混獲《こんかく》（漁獲対象とは別の種を意図せず捕獲してしまう状況）が問題視され、国連総会（1991年）によってモラトリアムに追い込まれた。このことによって流し網漁業はイカ釣り漁業への技術転換を図らざるを得なくなった。モラトリアムといえども事実上の漁業規制である。

†強まっていく国際規制

こうして公海漁場における資源乱獲や混獲問題が国際問題として取り上げられるようになっているなかで、1994年に「国連海洋法条約」が発効され、ついで1995年には国連総会で「国連公海漁業協定」が採択された。

これは同時に排他的経済水域の内外にまたがって分布する漁業資源（タラ、カレイなど）および高度回遊性魚（カツオ、マグロなど）の資源利用と保全のために、沿岸国と遠洋漁業国との間に協力義務を定めるものである。発効は2001年である。公海漁場は原則としては漁業の自由がありながらも、乱獲や混獲防止を図ろうとする国際圧力の中で、本格的な秩序形成の枠組みができあがったのである。

ただ、高度回遊性魚などの管理体制については実態が先に進んでいた。海域ごとに関係各国による「地域漁業管理機関」（RFMO：Regional Fisheries Management Organization）が設置されていたのである。

しかし、これは利害が相反する加盟国間の資源管理措置や秩序形成を図る機関にすぎなかった。そのことから、ＲＦＭＯによる国際規制措置の網の目にかからない国に船籍を置いてＩＵＵ漁業（Illegal, Unreported and Unregulated fishing＝違法・無報告・無規制漁業）を行う漁船が増加し、資源保全や秩序形成の対策が骨抜きにされていた。ＲＦＭＯの加盟国以外で、税金や検査費などが安い国（便宜《べんぎ》置籍《ちせき》国）にペーパーカンパニーを設立して、そこに船籍を移すという方法である。

マグロ類の管理体制については、１９５０年に東太平洋水域において「全米熱帯マグロ類委員会」（ＩＡＴＴＣ）が設置されたことを皮切りに、１９６９年には「大西洋マグロ類保存国際委員会」（ＩＣＣＡＴ）、１９９４年に「ミナミマグロ保存委員会」（ＣＣＳＢＴ）、１９９６年に「インド洋マグロ類委員会」（ＩＯＴＣ）、そして２００４年には「中西部太平洋マグロ類委員会」（ＷＣＰＦＣ）が設置された。すべての海域にマグロ類の漁業管理の

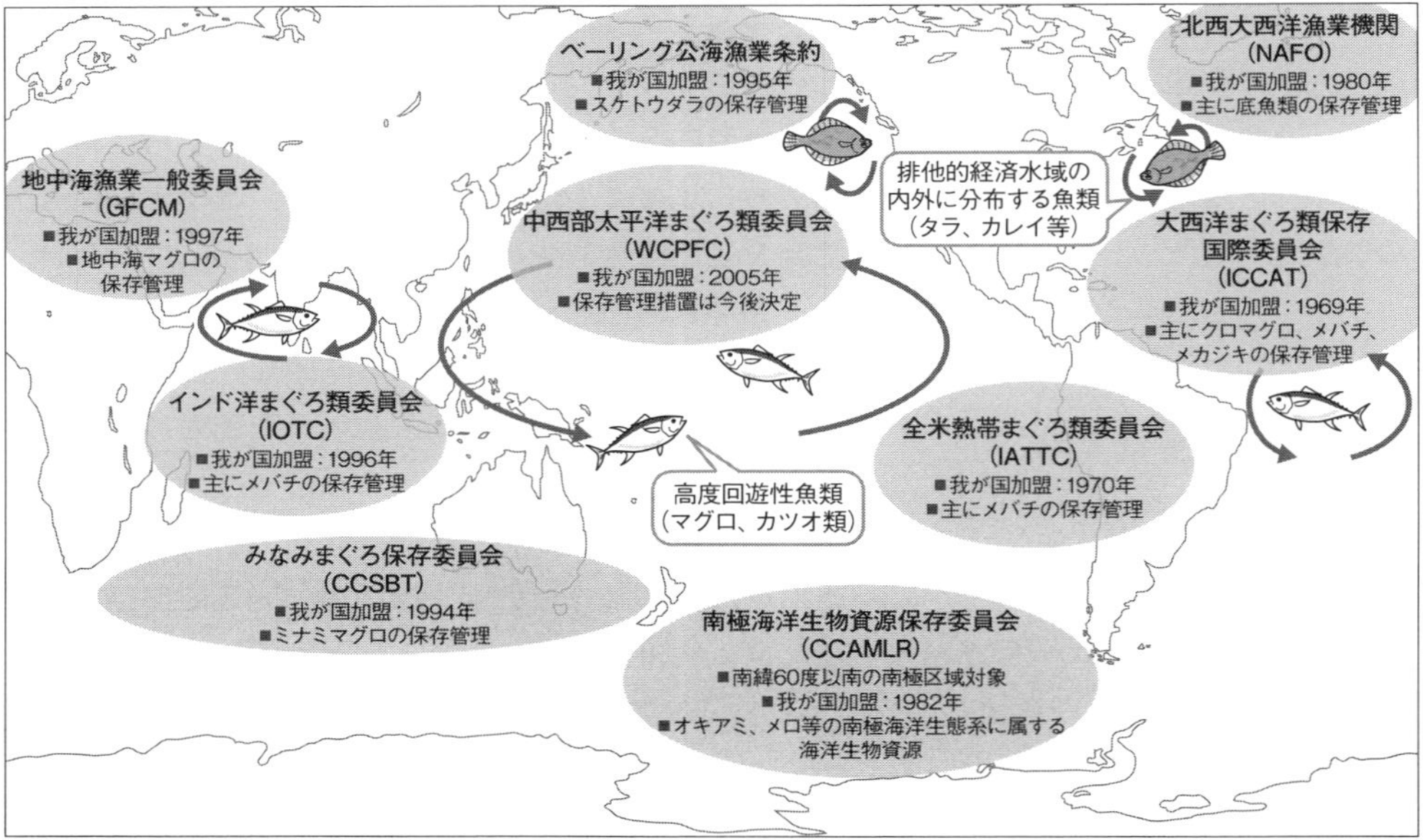

地中海漁業一般委員会
(GFCM)
■我が国加盟：1997年
■地中海マグロの
保存管理
ベーリング公海漁業条約
■我が国加盟：1995年
■スケトウダラの保存管理
北西大西洋漁業機関
(NAFO)
■我が国加盟：1980年
■主に底魚類の保存管理
排他的経済水域の
内外に分布する魚類
（タラ、カレイ等）
中西部太平洋まぐろ類委員会
(WCPFC)
■我が国加盟：2005年
■保存管理措置は今後決定
大西洋まぐろ類保存
国際委員会
(ICCAT)
■我が国加盟：1969年
■主にクロマグロ、メバチ、
メカジキの保存管理
インド洋まぐろ類委員会
(IOTC)
■我が国加盟：1996年
■主にメバチの保存管理
高度回遊性魚類
（マグロ、カツオ類）
全米熱帯まぐろ類委員会
(IATTC)
■我が国加盟：1970年
■主にメバチの保存管理
みなみまぐろ保存委員会
(CCSBT)
■我が国加盟：1994年
■ミナミマグロの保存管理
南極海洋生物資源保存委員会
(CCAMLR)
■南緯60度以南の南極区域対象
■我が国加盟：1982年
■オキアミ、メロ等の南極海洋生態系に属する
海洋生物資源

図13　世界の海域における国際漁業規定

出典：水産庁

枠組みがあることになる。

それでも過剰漁獲だという判断があり、1999年にはマグロ類の資源危機を背景に、国連食糧農業機関（FAO）の勧告を受けてマグロ漁船の2割減船を行った。

それにもかかわらず、ベリーズ、ホンデュラス、パナマ、セントビンセントなど、RFMOに非加盟の国に籍を置く漁船が増え続けたのである。しかもそのマグロ延縄漁船の多くが、台湾資本が下取りした日本の中古船であり、幹部船員の多くが減船により日本漁船を降りた邦人だったのである。

こうした側面からも、国連公海漁業協定が発効した意味は大きかった。これによって未加盟国も適切な保全措置に努めるよう、当該資源を管理するRFMOに従わなければならなくなり、IUU漁業を規制できる国際的な枠組みができたからである（図13）。

ちなみに、IUU漁業を行ってきた非加盟国の漁船は300隻以上あったが、減船事業（国と民間の努力によって漁船数を減らす事業）によって大幅に減ったとされている。台湾資本が有していた日本の中古漁船は、日台の民間交渉によってスクラップ減船された。

こうしてRFMOの主導権の下で、マグロ類などの重要な漁業資源は管理されることになった。しかし、管理・保全に関して各国の考え方は異なるため、各国が同じテーブルについたとしても、そこには各国の政治的思惑《おもわく》が渦巻く。さらに、その舞台裏には環境NGOなどの存在もある。

RFMOには、政治とは独立した科学委員会が設置されている。科学委員会の提言は基本的には尊重されることになっているが、資源予報には不確実性がある。そのうえ、総漁獲枠の決定には社会的・経済的な条件も踏まえることになっているため、経済的理由から漁獲枠の上限ラインの緩和が図られることもある。

その一方で、商業捕鯨を禁止させたように、動物愛護・環境中心というディープ・エコロジー思想が絡んでくることもある。特に、RFMOが、経済を優先して、科学委員会の警告を受け入れないで漁獲枠を設定したときである。このとき環境NGOのロビー活動が活発化し、当該魚種が「ワシントン条約」(CITES)の絶滅危惧種の議論の俎上《そじょう》に乗ってしまうことさえある。RFMOでは資源管理できないというのがその理由である。今日、RFMOには常にこうした外圧がかかっている。

いずれにしても、当該資源をどうするか決めるためにはRFMOの加盟各国の同調が必要である。そして最後は多数決で決まる。国際捕鯨委員会では、反捕鯨国の多数派工作で商業捕鯨が禁止に至ったのは周知の通りである。多数決とはいえ、政治的決着なのである。

†マグロの国際管理の問題を考える

国際舞台におけるマグロ問題の最大の山場は、２０１０年3月にあったワシントン条約の締約国会議であった。

この会議において、大西洋クロマグロが、「今すでに絶滅する危険性がある生き物」を記した「付属書Ｉ」に登録されようとしていたからだ。提案国は、小国モナコであった。そしてモナコに提案を呼びかけたのは、大西洋マグロ類保存国際委員会の資源管理能力に見切りをつけた環境ＮＧＯ・ＷＷＦであった。

もし、大西洋クロマグロが付属書Ｉに登録されることになれば、大西洋の資源とはいえ、マグロ生産大国、マグロ消費大国である日本は多大な経済的打撃を受けていた。大西洋で日本漁船がクロマグロを漁獲しているということだけでなく、地中海産の大西洋クロマグロのトロ商材が量販店や回転寿司で大量に取り扱われていることから、そのことは容易に想像できた。日本政府が反対の意向を示していたことは言うまでもない。

しかし、なぜか、ワシントン条約の締約国会議での議論が始まるまでの日本メディアの論調は、おおむね「付属書Ｉへの登録は必至だ」というものであり、「登録はやむを得ない」といった感を残すものが多かった。せいぜい、マグロの魚食文化崩壊の危機を煽るぐらいであった。

その背景には、締約国会議においてモナコ提案が可決されるという「票読み」があったためだ。事実、大西洋クロマグロの輸出国であったEU諸国やアメリカなどの先進国は、困惑しながらも最終的にモナコ提案に賛同するという情報が事前に発信されていた。そのこともあり、国際世論の意向は「付属書Ⅰへの登録容認」になってしまっていたのである。欧米・先進国由来の環境思想・動物愛護思想がそうさせたのかもしれない。いずれにしても、こうした国際世論の形成には、RFMOに参加し、各国政府に付属書Ⅰへの登録賛同を働きかけた環境NGOのロビー活動の影響もかなりあったものと思われる。

他方、国内でも、賛同する論者が少なくなかった。日頃から水産庁への攻撃を続けてきた「学者らしき人」たちも、メディア上で、インターネット上で、付属書Ⅰあるいは付属書Ⅱ（国同士の取引を制限しないと将来絶滅のおそれがある生物）への登録の必要性を訴《うった》え、大奮起していた。

一般人が知り得る範囲では、付属書Ⅰへの登録に向けての「空気づくり」は完璧であったように思えた。だが、締約国会議におけるモナコ提案は否決された。そして、その後提出されたEU修正提案も、否決されたのであった。

各メディアの下馬評《げば》と真逆の結果であった「否決」は、実は日本政府にとっては予定通りの結果であった。舞台裏では、何年も前からこの日に備えた周到な国際行動がとられていたが、そのことはメディアには封印されていたのであった。

ちなみに、資源危機が煽られる一方で、このとき日本の漁業者サイドからは「資源は減っていない」という意見が強く出ていた。そして後に科学的にも資源回復が認められる。

ともあれ、この一件は、マグロ漁業が次の局面に入るメルクマールとなった。その次の局面、すなわち現局面にタイトルをつけるならば、「厳格管理下におけるマグロ漁業」と言うべきであろうか。

†厳格管理下におけるマグロ漁業

しかし、このマグロ資源管理の厳格化も、ワシントン条約ショックが起こる以前から実は始まっていた。

日本政府は、資源管理能力のなさが指摘されていた大西洋マグロ類保存国際委員会の引き締めを図るべく、大西洋クロマグロの総漁獲可能量の大幅削減を提言してきた。200

9年11月開催の大西洋マグロ類保存国際委員会の年次会合では、総漁獲可能量の4割削減を合意させ、2013年までクロマグロの過剰漁獲を抑制させる方向を認めさせたのであった。

このように年次会合の場で強気の態度を示せたのは、水産庁が自国船に対して厳格管理を実践していたからである。

この実態についてはほとんど知られていない。とりわけ、大西洋クロマグロ、ミナミマグロの漁獲管理についてである。水産庁は、大西洋に入漁する漁船ごとに等分に漁獲枠を割り合てし、漁獲報告と照らし合わせて、水揚げ時にキロ単位の厳密な検査を行っていたのである。少しでもオーバーすると罰則（5年間の漁獲枠割当停止）を科すことになっていた。罰則になると会社経営の致命傷となるので、漁業者サイドも不満をもちながらも厳格管理に応じたのである。

こうした日本政府の行動は、クロマグロやミナミマグロのワシントン条約の付属書Iへの登録を回避するための行動に他ならなかった。日本がRFMOでの発言力を強め、国際的なリーダーシップを発揮するためには、まずは自国の漁業管理体制が問われる。それゆえ、資源管理のための模範的な政府行動をとっていたのである。

ワシントン条約締約国会議終了後、すぐに農林水大臣談話「今後の資源管理の取組みについて」（２０１０年3月25日）が公表されたが、これも自国の資源管理の徹底を宣言した大臣声明と受け止めることができよう。その後も、政府による資源保存管理措置のための行動が活発化している（たとえば、水産庁の公式ウェブで見ることができる「「太平洋クロマグロの管理強化についての対応」について」（２０１０年5月11日）、「「国内のクロマグロ養殖業の管理強化及びメキシコ産輸入クロマグロの情報収集」について」（２０１１年1月28日）など）。

日本政府は、大西洋マグロ類保存国際委員会、中西部太平洋マグロ類委員会、全米熱帯マグロ類委員会（ＩＡＴＴＣ）などのＲＦＭＯにおいてイニシアチブをとり、さまざまな資源保存管理措置の策定を主張し続けた。

その成果もあり、２０１０年10月にパリで開催された大西洋マグロ類国際保存委員会の年次会合では、「クロマグロの漁獲管理（尾数、重量などの計測）が行えない場合は放流しなければならない」「管理力のない国の漁船は操業を行えない」などといったルールを策定させた。そして２０１２年11月のモロッコのアガディールでの会合開催時には、科学委員会で資源回復が確認できたために総漁獲可能量を増加させたのである。

また、２０１０年12月にホノルルで開催された中西部太平洋マグロ類委員会の年次会合では、延縄漁業のメバチの漁獲量削減の合意を図るとともに、自国への影響が強いクロマグロの未成魚の管理保存措置案についても提案した。そして2013年12月開催のケアンズの会合で2002〜2004年の未成魚（0〜3歳）の平均漁獲量の15％削減が合意に到った。これもワシントン条約の付属書に記載されないための措置である。

†伝統のマグロ漁業の危機

世界のマグロ漁場を開発した日本の遠洋マグロ延縄漁業は、失われた20年間の中で一気に冷え込んだ。

いまや漁船数は1／4以下になっている。しかも経営環境がますます厳しくなるなかで、資源管理や環境保全をめぐる国際規制が強まるうえに、IUU漁業の横行、燃油価格の高騰、養殖マグロの急増、まき網漁業の拡大、海賊の出没によりソマリア沖に入漁できなくなるなど（台湾漁船は軍艦に護衛されて入漁している）、日本の漁業者からすれば向かい風ばかりが吹く。

日本政府は、1996年に通称「マグロ法」（「マグロ資源の保存及び管理の強化に関する特別措置法」）を制定して、IUU漁業を行う漁船とのマグロの取引を禁止する措置を行ってきた。ネガティブ・リスト（非正規漁船リスト）に基づいて輸入規制を図ったのである。

ただ、これはザル法であった。２００３年11月からは、各ＲＦＭＯでもＩＵＵ漁業を行う漁船との国際取引を禁止したため、ＲＦＭＯ認可のマグロ漁船のポジティブ・リスト（正規漁船リスト）制度を導入して、正規漁船との国際取引のみが許される体制が整ったからだ。

しかし、洋上で非正規漁船から漁獲物を正規漁船に転載する「マグロ・ロンダリング」が発覚した。影を潜めてはいるが、現在もＩＵＵ漁業の根絶には至っていない。

そこで、日台民間協調で台湾にある日本の中古マグロ漁船のスクラップ事業を行うなどしたが、一方で日本を便宜置籍国とする漁船（船主の所在国とは異なる国に籍を置く船）が出没するというケースが出てきたのである。台湾資本による日本船籍の遠洋マグロ延縄漁船は一時期80隻（約３００隻中）におよんだが、その多くは邦人船員が乗船していないと言われている。

こうして規制を仕掛けても、安く輸入するための方法が次々と開発され、イタチごっこになっている。

他方、世界的に環境ＮＧＯの監視力、発言力が強まるなかで、これまで資源管理にあまり関心を示してこなかった途上国やマグロ後進国も管理体制を強めている。また、貿易を担ってきた商社までもが、環境ＮＧＯの圧力により襟《えり》を正すことになった。

たとえば、地中海の畜養クロマグロを大量買い付けしていた三菱商事は、２００９年11月の大西洋マグロ類保存国際委員会の年次会合と２０１０年３月のワシントン条約締約国会議を前に、２００９年９月の「大西洋・地中海クロマグロに関する声明」において、大西洋クロマグロの漁獲量大幅削減を支持し、資源管理体制に協力することを公表した。環境ＮＧＯは、こうしたマグロの輸入拡大を図ってきた企業への指導・助言力も強めている。

†マグロ以外にもおよぶ規制強化の波

余談ではあるが、外圧による規制強化はマグロ類だけではない。混獲されるサメ類に対する規制も急激に厳しくなっている。

マグロ延縄漁船に漁獲されたサメ類に関してはヒレ類が商品になる。中華料理の高級商材だ。遠洋で漁獲されるサメ類は凍結せざるを得ないから、すり身の原料にはならないので、魚体は投棄され、慣習的にヒレ類だけを持ち帰っていた。

しかし、このことが環境ＮＧＯから問題視されるようになり、各ＲＦＭＯでは魚体も持ち帰らなければならないという規制が設けられたのである。しかも、ヒレを切る場合は、サメの魚体重の5％でなければならないという規制も付け加えられた。もし寄港地などの臨検でフカヒレだけが見つかると、その漁船を所有する漁業者はＩＵＵ漁業者と見なされることになり、マグロ漁業から撤退しなくてはならないというのである。

インド洋に浮かぶチャゴス諸島の排他的経済水域内の操業では、漁獲したサメ類のヒレを切ってはならないとされ、インド洋では、２０１０年7月からオナガザメ類の漁獲自体（所持・販売）が禁止されるようになった。ついでではあるが、２０１３年3月にはヨゴレ、シュモクザメなど4種類のサメ類がワシントン条約の「付属書Ⅱ」に記載されることになった。

こうして規制が強まるなか、マグロ漁業存続の条件は苦しくなり、厳しさはますます深刻化している。経営については外国人船員を雇うことで80年代と比較して6割に圧縮したが、マグロ類の価格はそれを下回る低落ぶりである。それゆえ、漁業経営の再生の兆《きざ》しは見えてこない。

国際舞台で日本政府がイニシアチブをとるには、自国漁船への統制圧力を強めなくてはならない。それゆえ、日本の漁業者への締め付けが強まる。しかも、先述したとおり世界では巨大な大型まき網漁船が増加し、養殖用のクロマグロ、キハダなどを大量漁獲している一方で、日本のマグロ市場は縮小している。

ＲＦＭＯがあるとはいえ、自国の漁船を管理するのは各国政府であり、漁業管理体制はあくまで旗国主義に基づく多元管理なのである。そのため、国ごとに異なる資源管理の統制力が横並びになるまでは、規制の緩《ゆる》い諸外国の漁業者にとってはビジネスチャンスが続くことになる。

マグロ漁業の危機の本質は、漁業経営が再生産を継続するための条件が失われ、漁業者が投資意欲を喪失しているところにある。そこには、国際競争という土俵の上で、手枷足《てかせあし》枷《かせ》をはめられた状態で戦わなければならないということも強く影響している。

その桎梏《しっこく》とは、邦人船員不足やコストのかかる船舶検査、そして通信に関連するさまざまな規制など多々あるが、自国の厳格な資源管理統制もその一つであった。各国の資源管理の統制が平準化するまで、日本の漁業者の正念場が続いている。

管理下の海外まき網漁業と日本

「中西部太平洋マグロ類委員会」（ＷＣＰＦＣ）では、日本主導でマグロ類の厳格な資源管理体制が敷かれてきた。

このような合意形成は中西部太平洋マグロ類委員会内の北小委員会で図られている。実は、北緯20度以北（北方水域）を回遊するクロマグロ資源などについては、関係する沿岸国で構成する北小委員会で合意形成できる仕組みになっている。中西部太平洋マグロ類委員会内で、「ミナミマグロ保存委員会」（ＣＣＳＢＴ）において対立するオーストラリアとニュージーランドと一線を画するように、日本は条約加盟時に取りつけたのである。

こうして中西部太平洋水域でもマグロ類の漁獲削減が進んだ。

しかし、その一方で、この海域ではカツオの漁獲量が急上昇したのである。１９８０年には50万トンに満たなかったが、日本の海外まき網漁船の勢力が拡大し、それに次いで諸国のまき網漁船が参入してきた。そうしたなかで日本のカツオ一本釣り漁業は衰退するが、漁獲量は増加していったのだ。90年代から２０００年頃までは１００万トン前後を推移し、２００８年には１８０万トンまで急増したのである。その後資源状況にやや陰りが出て、２０１１年には１５５万トンとなっている。

そのカツオ漁獲量の急拡大の経緯は次のようである。中西部太平洋マグロ類委員会には、アメリカ、日本、台湾、韓国、スペインなどの遠洋漁業国の他、ミクロネシア、キリバス、パプアニューギニアなどの島嶼国《とうしょこく》（領土が島で構成されている国）が参加している。この中西部太平洋マグロ類委員会の前身である「ハイレベル政府間会合」（ＭＨＬＣ）において、過剰漁獲に鑑《かんが》み、まき網漁船の数を現状より増やさないということが２０００年に決議された。

だが、これはすでに相当の漁船勢力を有していた先進国側の提案だったことから、途上国である島嶼国が猛反発して、この規制は島嶼国に限り例外となった。

そこで、本来資力も技術もない、バヌアツやマーシャル諸島などがまき網漁船を増加してきたのである。これらは台湾資本の便宜置籍船と見られている。台湾はマグロ延縄漁船を減船してきた一方で、投資先を島嶼国のまき網漁業に向けたのである。

フィリピン、中国においても「自国は先進国でない」とする交渉によって漁船数を増やした。そのため、中西部太平洋海域で操業するまき網漁船の隻数は、１９９９年の１６７隻から２０１１年には２７１隻にまで大幅に増加したのである。

こうした状況に鑑みて、２００７年からナウル協定加盟国（ミクロネシア連邦、パラオ、マーシャル諸島、ナウル、キリバス、ツバル、ソロモン諸島、パプアニューギニア）では、諸国の排他的経済水域内ではまき網漁船の「隻数×日数の総数」（総漁獲努力量）を管理する

「VDS方式」が導入された。

この総漁獲努力量管理においては、漁獲量によらず「1隻1日当たりの入漁料を定額5000ドル」にするという（中前明「海外まき網漁業――現状と可能性」『水産振興』543号）。これは延縄漁船や一本釣り漁船ではコスト割れする額である。

これによって、より漁獲効率が高く、より大型のまき網漁船にとって有利な条件となっている。スペインのまき網漁船は3500トン、エクアドルのまき網漁船は4400トン、日本のまき網漁船は国際トン数で1000トン以下である。これでは諸外国との漁獲能力に格差があり、利幅で負ける仕組みになっている。

規制はこれだけで終わらなかった。2009年から中西部太平洋マグロ類委員会で、島嶼国の間にある公海漁場（ナウル協定加盟国間の公海）の操業が禁止されたのである。さらに2012年12月の中西部太平洋マグロ類委員会の年次会合では、メバチ幼魚の保護のために漁獲効率が高い集魚装置（FADs）を用いた操業の規制が設けられることになった。

結局、他国と比較して大きくない日本の海外まき網漁船は、割高になるVDS方式の入漁料を支払って島嶼国の排他的経済水域に入るか、これら島嶼国の外側の海域で操業するしかなくなっている。

図9で示したとおり、海外まき網漁業は国内最大の遠洋漁業であり、日本漁業の優良部門である。ここに来て当該漁業存続のための新たな対応が求められている。

さて、先にも触れたように、日本国内では、海外まき網漁業、マグロ延縄漁業、カツオ一本釣り漁業との調整問題を抱えている。このことで海外まき網漁船の増隻や増トンが制限されてきた。現在、この対抗措置として、海外まき網業界では政府管理の下で国際トン数1800トン（国内の測度法では769トン型）のまき網船を3隻建造して試験操業に入った。

海外まき網漁業とカツオ一本釣り漁業、マグロ延縄漁業は、漁場だけでなく市場でも競合関係にある。海外まき網が漁獲した漁獲物の多くが加工原料となり、かつては競合しなかった。だが、近年、キハダマグロの中でも高品質なマグロ（PSマグロと呼ばれている）やブライン凍結したカツオ（B1カツオ）は冷凍魚として出荷されるため、延縄・一本釣りの冷凍マグロやB1カツオと競合するようになったのである。

カツオ一本釣り漁業、マグロ延縄漁業が厳しい状況のなか、中西部太平洋マグロ類委員会のまき網管理規制が強まろうとしている。日本の遠洋漁業は新たなレジームが求められている。

†高船齢化する漁船漁業のゆくえ

我が国の漁船漁業は、00年代に入ってから高船齢の漁船が目立つようになり、「漁船の寿命が漁業の寿命」とまで言われるようになった。

80年代まで旺盛だった漁船建造への投資は、デフレ不況が深まる90年代には限定的になっていた。極めつきは1998年の金融機関の早期是正《ぜせい》措置の施行だった。金融監督行政が始まり、よほどの優良経営でない限り、代船建造のための借入は不能となったのだ。

こうした状況を受けて、政府は2007年から漁船漁業構造改革総合対策事業を創設し、改革漁船（経営改革につながる新技術を導入する漁船）の試験操業を支援している。この総合対策の中にある「もうかる漁業創設支援事業」が目玉事業であった。

これは業界団体が事業の実施主体となって、試験操業する改革漁船を補助金で傭船（船舶を借り入れる）し、水揚げ金を国庫に返すという事業である。漁業金融が機能しない現状で、財政が金融の役割を果たすという仕組みは画期的であった。

この事業において、沿岸・沖合漁業も含めて58件が実施されている。遠洋漁業では、北欧と日本の折衷《せっちゅう》型トロール漁船、カツオ一本釣りとまき網のハイブリッド漁船、さまざまな新技術を導入した遠洋マグロ延縄、遠洋カツオ一本釣り漁業が実証試験中である。
本事業による試験操業は、日本の遠洋漁業のゆくえを決める最後のチャンスとなっている。

†緊迫する領土問題と国境水域の漁業

我が国は、周辺海域の利用において、隣国との関係がすっきりしていない。北方領土、竹島《たけしま》、尖閣《せんかく》諸島。それぞれ事情は異なるが、これらの領土の近海域の漁場は緊張感が高まっている。またそれらの漁場を利用している漁民が暮らす漁村も、国家という枠組みとの関係でぎくしゃくしている。

ロシアとの間では、実効支配されている北方領土と北海道との間に「地理的中間線」が引かれていて、それが事実上、排他的経済水域を分けるラインになっている。日ロ漁業協定の枠組み内で、ロシア水域に入って行う漁業を除けば、越境操業は密漁船扱いで拿捕《だほ》される。ときには発砲されることもある。2006年には越境操業していた根室市内船籍のカニ漁船第31吉進丸《きっしんまる》が発砲され、乗組員が命を落とした。

国後島《くなしり》は北海道沿岸部からは目と鼻の先である。その間にある根室海峡は、秋サケ、ホタテガイ、スケソウダラなどの好漁場である。ホタテガイの漁場は、北海道側に人工的に造成した漁場なのでロシア漁船が越境してこない限り紛争にはならないが、その他の魚類については中間線を跨《また》ぐのでそうはいかない。

知床《しれとこ》半島の東側にある羅臼《らうす》地区ではスケソウダラ漁が盛んである。小型の沿岸漁船によって刺し網漁、延縄漁が行われていた。70年代に乱獲がたたり、資源が枯渇状態になるものの、その後の資源管理で回復した。

しかし1988年から、沖合に大型のトロール漁船が出没。多い年には200回を超える。ロシア漁船と協議する場がないため、漁具被害を回避するための操業秩序が形成されない。そのため、北方領土側に入漁する日本漁船の刺し網など漁具の被害が毎年多発している。

また狭い海峡で大型漁船が頻繁にトロール漁を行っていることから、資源枯渇が危ぶまれている。根室海峡に回遊するスケソウダラは、産卵のために回遊している資源だけにその懸念は強まる。しかし、ロシアとの間で資源管理に関する協定づくりはまったく進んでいない。

他方、日本は200海里体制に入ってからも、韓国と中国との間の海域においては排他

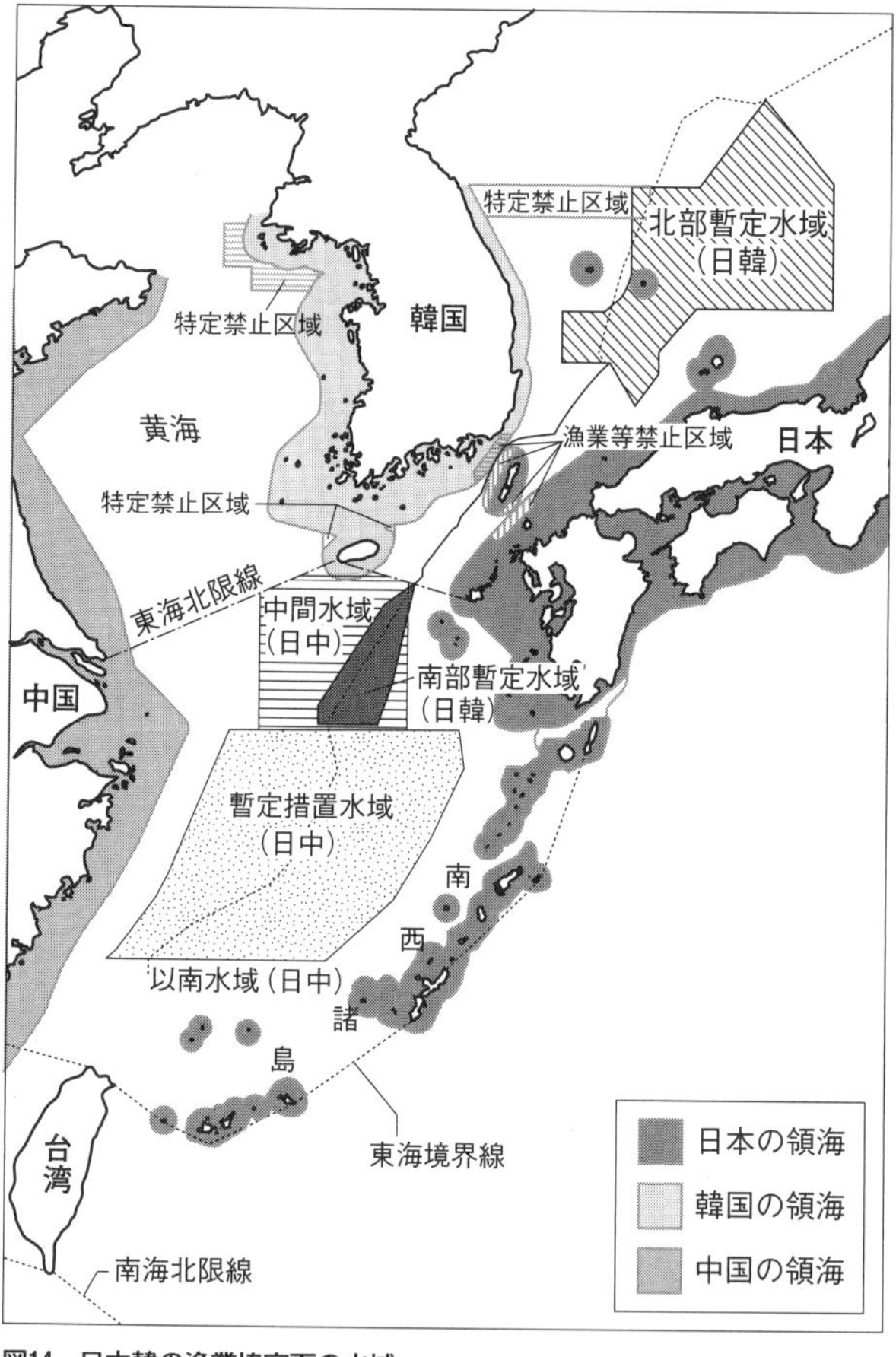

図14　日中韓の漁業協定下の水域

的経済水域の境界画定を行っていなかった。竹島と尖閣諸島の領有権をめぐる問題を棚上げにしてきたからである。それゆえ、図14に示されるように、暫定水域や中間水域というグレーゾーンが日本と両国の間には存在する。

†暫定水域をめぐる日韓漁業

現在、韓国との間の漁業上の国際関係は、「新日韓漁業協定」が締結された1998年から始まっている。国連海洋法条約に日本が批准してから約2年後のことである。

この協定では、政府間で日韓共同委員会を設置して両国の主張を交わしてきたが、ほとんどかみ合っていない。

すなわち、日本は「国連海洋法条約の考えに基づいた資源管理体制」を主張してきたが、韓国サイドはあくまで「旗国《きこく》主義」を主張してきたからである。

つまり、韓国はあくまで暫定水域を公海として見立てて、自国の自主規制による管理を基本とすべきとしたのである。そのことから、両国政府の共同で資源管理を実施するという方向性が出てこないため、漁場利用に関する取り決めは民間協議に委ねざるを得ないこととなった。

しかしながら、日本海側に設定された暫定水域は竹島領有権を棚上げにしたとしても不自然な形になっており、しかも大和堆《やまとたい》（日本海中央部にある好漁場）や山陰《さんいん》地方に近い優良漁場が含まれる形となった。この経緯は、密室の政治交渉で決定されたため明かされていないが、かつて北海道沖で操業していた大型トロールの撤廃を条件に日本が譲歩したと推察されている。

この結果、勢力に勝る韓国漁船が暫定水域の日本側ラインぎりぎりのところまで押し寄せて、漁場を占拠するような状況となっている。特に、「浜田《はまだ》沖」「隠岐《おき》北方水域」の優良なズワイガニ漁場で韓国漁船が常時刺し網漁具を敷設するという状況があり、兵庫県・鳥取県の沖合底曳網漁船が利用していた漁場が奪われる格好になっている。

それだけではない。ときには韓国の刺し網漁船が日本の取締船を避け、暫定水域のラインを超えて日本水域に漁具を仕掛けることもある。日本の取締船や海底を清掃する日本漁船によって、たくさんの違法漁具が回収されているのだ。そのため、暫定水域内も含めて、韓国の投棄漁具が資源に悪影響をおよぼしているとの見方が強まっている。それを受けて、両国それぞれで海底清掃事業を維持・拡大することにはなっているが、それはあくまで旗国主義に基づくものである。

韓国・済州《チェジュ》島周辺の水域へは、九州の大中型まき網漁船が入漁し、日本の水域（福岡・山口県沖）へは韓国の太刀魚《たちうお》延縄漁船が入漁している。これら相互入漁する漁業においては相手国のルールを遵守しなければならず、連絡体制の構築など操業秩序づくりが図られてきたが、暫定水域においてはこうした秩序形成がなかなか進まない状況である。

だが、唯一、暫定水域内を主漁場としてきたベニズワイガニを漁獲するカニかご漁業だけが、両国の漁労長がテーブルにつく民間協議などを経て、両国漁業者間のルールづくりが進められている。当初は睨《にら》み合いが続いたが、２００８年頃から歩み寄りが始まった。協定締結後、10年を経てのことである。

ズワイガニをめぐっては、韓国が漁具を固定する刺し網漁業であり、日本は漁具を運用する底曳網漁業で漁獲されている。この漁業の違いから共存しにくい関係にある。だが、ベニズワイガニは同じかご漁法で漁獲されているために共存し得る素地があった。そのうえ、日本では２００７年から資源回復計画を始めて業界内の統制が進み、韓国では１９９９年からＴＡＣ制度（漁獲可能量：Total Allowable Catch）が導入されて、２００６年頃から業界内の統制が整ってきたことも大きく影響していよう。

とはいえ、通訳を通しての話し合いであるため、協議にも齟齬《そご》が生じることもある。取り決めが円滑に進んでいるとは言いがたい。だが、粘り強く民間協議が続けられることでしか共存し得ないのである。

2012年夏、韓国の大統領選を控え、イ・ミョンバク大統領が竹島に上陸するなどのパフォーマンスがあり、両国間の関係が悪化した。こうした国際関係の乱れが、民間協議を遅延させる原因にもなった。日韓漁業は、国交という二国間の政治的呪縛から切り離してもらえないのである。

†尖閣諸島をめぐる漁業問題

1996年に日本とほぼ同時に中国が国連海洋法条約を批准した。このことにより排他的経済水域を設定するための境界画定の作業を行う必要が生じたが、2000年になってようやく「新日中漁業協定」が発効した。

こうして、両国の間には日韓とは異なる三つのグレーゾーンができた。もう一度図14を見よう。一つは「中間水域」（双方が相手国の許可を得ずに操業できる水域）であり、一つは「暫定措置水域」（両国が共同管理措置を行う水域）であり、そして尖閣諸島を含む北緯27度以南は従前の「日中漁業協定の水域」（事実上、公海的扱い）である。このような結果になったのは、尖閣諸島の領有権問題が存在していたことと、中国と台湾との問題が存在していたからである。

日中の間では、日中漁業共同委員会が設置され、定期的に両国の水域に相互入漁する漁船数や資源管理措置についての協議が政府間で行われている。具体的には、東シナ海の資源状況の悪化を受けて、暫定水域内の資源管理措置を行っている。すなわち、この海域における漁獲量および漁船数を、両国がそれぞれに努力目標を決めて自主規制を図っているのである。

どのような漁船が何隻減船されたのかは、詳細が公表されておらず定かではないが、努力目標や公表の数値はかなり削減されている。北緯27度以南は話し合いさえないが、中間水域においては話し合いは行われている。だが、継続審議ということで何も進展はない。

近年、その中間水域において中国籍の大型虎網《とらあみ》漁船が数年間で急増し、漁場紛争が起こっている。この虎網は、まき網より操業プロセスが短く、かつ大量漁獲できる。業界団体が中国に赴《おもむ》いて調査したところ、2009年に確認されたときは8隻であったが、2012年には250~300隻になったというのである。

その主漁獲対象はサバ類である。この虎網漁船が出現してからは、中国のサバ類の輸出が増え、大中型まき網漁船による東シナ海でのサバ類の漁獲量が3分の1以下に落ち込んでいる。そのことから、日本、韓国の大中型まき網漁船にとって脅威となっている。

こうした事情を受けて、2013年8月の日中漁業共同委員会において、中国政府が無許可船の取締や虎網漁船の管理を強化することになった。だが、日本の漁業界からは中国国内の漁業事情が見えないため、暖簾《のれん》に腕押しのような状況になっている。

もちろん、両国の民間団体の間でルール作りのための協議は行われている。大日本水産会と中国漁業協会との間で、新日中漁業協定の締結から10年を要して、民間の漁業取り決めが結ばれた。だが、それは国際規定に則った安全操業ルールの協定、有名無実の見舞金制度、イカ釣り漁船間距離（しかも安全な距離という落としどころ）であった。

日本にとって重要なところは、事故処理、特に時化《しけ》の時に、日本の漁港に緊急避泊する中国漁船が引き起こす定置網の破壊などの事故処理であったが、「加害船が特定されなくても、双方は誠意を持って対応する」で括られてしまったのである。これでは見舞金を当てにできないとして、中国漁船の緊急避泊の際に日本サイドが誘導するなどの対策がとられている。

日本の漁船勢力が勝っていた時代の日中漁業交渉の課題は、中国大陸に近い漁場での日本漁船への規制対策が主な課題であった。だが、現在は状況が逆転して、日本水域あるいは日本水域に近い漁場でのトラブル防止やトラブル対応が主な交渉内容になっているのだ。

†日台漁業取り決めの波紋

続いては台湾との関係を見てみよう。

2013年4月に日台の漁業の取り決めが締結した。図15が設定された水域の図である。日中、日韓と違い、日台との間には漁業協定がなかったので初めてのことである。

だが、この水域設定によって沖縄周辺海域で操業する漁民らは混乱に陥ったのである。2004年頃から、尖閣諸島と先島《さきしま》諸島の間の海域には、南方水域から締め出された台湾の小型マグロ漁船が入り、先島諸島近辺に漁場を求め近づいてきたが、日本の漁船が操業できる程度に、取締船が台湾漁船を追い返していたという。その漁場を台湾に譲ってしまったのである。

特に問題なのは、台湾が暫定執法線を引いて自国水域と主張していなかった2カ所の水域まで譲ってしまったところである。図15のグレーで示している水域である。それらの水域が日本の法令適用外になったので、取締船はその水域では無力となり、圧倒的勢力のあ

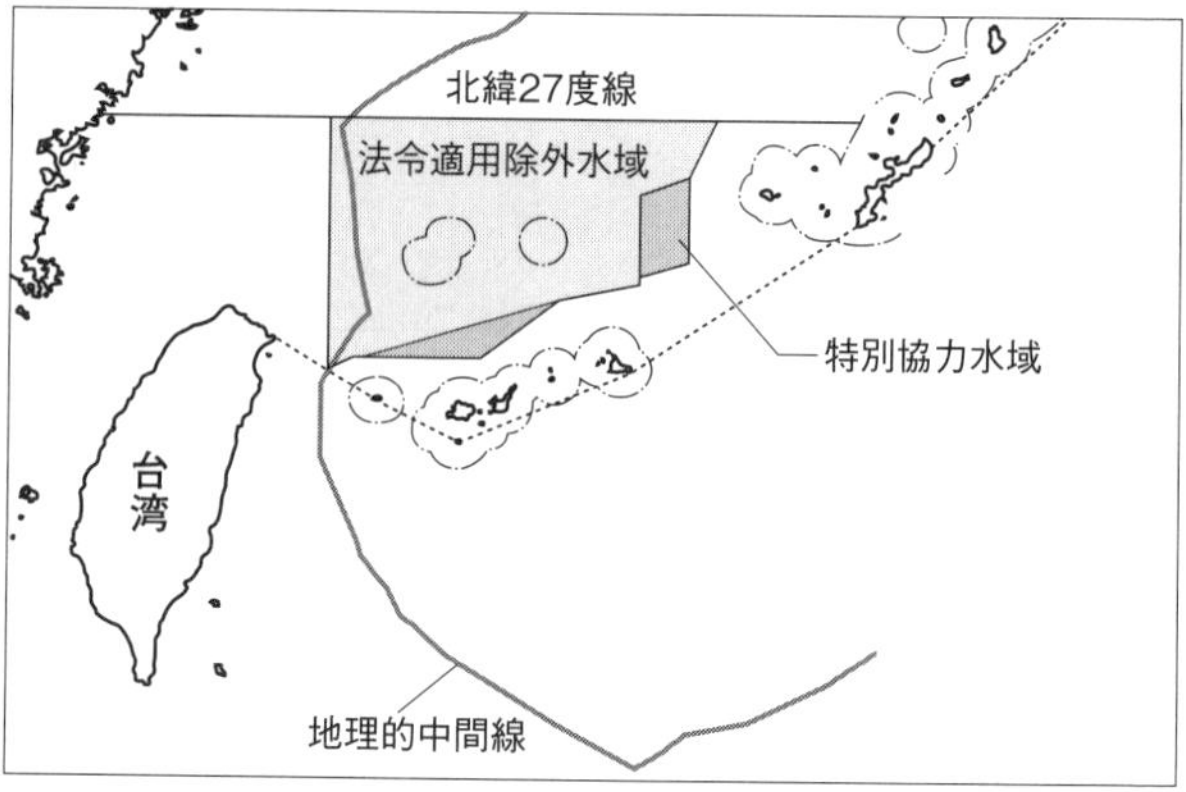

図15　日台漁業の取り決めの水域

る台湾漁船が占拠するような状態になった。

この取り決めの背景には、2012年9月11日、尖閣諸島を国有化したことによって中国と台湾がこの問題で歩み寄るというような状況があったこと、そしてその状況から台湾を日本側に引きつけるために日本政府は取り決めを急いだと言われている。

2012年10月5日、当時の玄葉《げんば》外務大臣が台湾にメッセージを発して、その後、官邸主導の下で、3年間も決裂していた漁業協議を再開させて「取り決め」に至ったのである。

国交がないため漁業協議は民間協議という名のもとで行われたが、事実上の政府間交渉であった。そのため、沖縄などの関係漁民不在の協議であった。つまり、いきなり「日台漁業の取り決め」の内容が降ってきたのである。

沖縄近辺の水域は、米軍の軍事演習海域での操業ができないうえ、新日中漁業協定では北緯27度以南は中国との間では公海状況になっている。さらに、日台漁業取り決めによる、台湾漁船への漁場のオープン化である。

国益のためなら多少の犠牲を被《こうむ》るのはしかたない。官邸ではそのような発想があったのであろう。言うまでもない、その犠牲者は漁民である。

日台漁業の取り決めは、漁業者の意向を尊重しないまま政府が決めた「民間」取り決めである。にもかかわらず、これからは日台の漁民らの協議・会合によって漁場秩序の形成を図らなくてはならない状況になっている。中国と違い、台湾とは漁業者との直接対話が可能なようである。日韓関係と同じく、グレーゾーンの秩序形成は漁業者同士のルールづくりに託すしかない。

なお、2014年1月24日に日本政府と台湾当局との間に設けられている協議会（日台漁業委員会）によって近海マグロ延縄漁業の操業ルールが設けられたが、日台の漁民間が調整しなければならない課題は山積している。

第４章

資源管理の誤解とその難しさ

†日本の漁獲管理はどうなっているのか

我が国における漁業制度と漁業資源の関係を俯瞰すると表3のようになる。これはあくまで筆者が整理したものであり、公式的に扱われているものではない。

すでに触れたように、漁業制度は「許可漁業」（大臣許可、知事許可そして承認漁業も含める）「漁業権漁業」「届出漁業」「自由漁業」の四つに分類される。許可漁業や漁業権漁業は、漁業法に基づいて行政か漁協を通して管理されている。

それに加えて、各県で設定されている漁業調整規制によっても、操業の管理体制が築かれている。具体的には、漁船規模・隻数・休漁期間・操業海域・使用漁具・禁漁区などの制限である。これらの制限は、漁場のトラブルや漁獲量の変動を受けて、漁業調整が続けられてきたなかで設定されてきた。これらは漁業許可の制限、漁業権の行使規則にも反映されている。こうした法律上で認められている制限については「入口管理」と呼ぶ。

しかし、実際の漁場では、入口管理における制限だけでは操業トラブルを未然に防止しきれない。それゆえ、現場には漁業者間の話し合いによる紳士協定がたくさんある。単なるトラブル防止のための紳士協定というだけでなく、資源管理や漁業経営安定化のための

	漁業権漁業	許可漁業	自由漁業・届出漁業
TAC 対象魚種（7魚種）＊1	入口管理 民間協定 出口管理＊3 ただし、出口管理は「若干量」	入口管理 民間協定 出口管理＊3	オリムピック方式 出口管理＊3 ただし、出口管理は「若干量」、民間協定で操業調整しているケースもある
TAE 対象魚種（8魚種）＊2		入口管理 民間協定 漁獲努力可能量管理＊4	オリムピック方式
その他の魚種	入口管理 民間協定＊5	入口管理 民間協定＊5 出口管理＊6	オリムピック方式 ただし、民間協定で操業調整しているケースもある

＊1：スケソウダラ、スルメイカ、マアジ、マイワシ、サバ類、サンマ、ズワイガニ

＊2：日本海西部のアカガレイ、宗谷海峡海域のイカナゴ、太平洋北部海域のサメガレイ、伊勢湾・三河湾海域のトラフグ、日本海北部海域のマガレイ、周防灘海域のマコガレイ、太平洋北部海域のヤナギムシガレイ

＊3：「海洋生物資源の保存及び管理に関する法律」に基づく出口管理

＊4：「海洋生物資源の保存及び管理に関する法律」に基づく漁獲努力可能量制度

＊5：民間協定の中で出口管理を実施している例がある。三陸のイサダ漁は県域別に総漁獲量を制限している。北海道苫小牧のホッキガイ桁曳網漁業、島根県隠岐島のバイ籠漁業では漁船別漁獲量上限を設定している

＊6：ミナミマグロ、北大西洋クロマグロ、日本海ベニズワイガニにおいて漁船別漁獲割当（IVQ）

表3　漁業の制度分類と対象資源の管理

かなり高度な統制機構を有している例も少なくない。

たとえば、北海道東部のホタテガイ桁曳《けたひき》網漁業、北海道から東北太平洋側で行われているホッキガイ桁曳網漁業、静岡県の駿河《するが》湾のサクラエビ船曳網漁業、愛知県・三重県の伊勢《いせ》湾のシラス船曳網漁業などに見られる。こうした紳士協定や漁民の自主的な統治機構に基づく制限のことを「民間協定」と呼ぶ。

そして、現在「海洋生物資源の保存及び管理に関する法律」に基づき、7魚種（表3の注1）がT

AC（漁獲可能量：Total Allowable Catch）管理の対象となっている。TAC管理とは、科学的知見や調査を踏まえて事前に漁獲可能量を決定し、総漁獲量がその範囲内に収まるようにする漁業管理の方式である。

前述のTACを規定する法律と関係はしないが、漁業許可制限の中でIVQ（漁船別の漁獲割当）が設けられているケースがある。漁業者に漁獲枠を与える「個別割当制度」の一形態である。ミナミマグロ（遠洋マグロ延縄漁業）、北大西洋のクロマグロ（遠洋マグロ延縄漁業）、日本海のベニズワイガニ（日本海カニかご漁業）である。これらは大臣許可漁業の許可制限として設けられている。ミナミマグロ、クロマグロのIVQは、国際漁業管理機関の中での国別割当が厳しく制限されたために設定された。ベニズワイガニは、資源回復計画（資源回復措置を図る事業）の実践の中で制度化されるに至った。

こうしたTACとIVQは、法的に漁獲量が管理されていることから「出口管理」と呼ぶ。図16に入口管理と出口管理と民間協定と出口管理の関係の概略を示した。

出口管理は北欧やオーストラリア・ニュージーランドをはじめ欧米諸国において導入が進められてきた。いわば「流行」のようなものである。この出口管理は、国家が漁獲量の管理に責任をもつことになる。そのため、水揚げ量の日々の把握を含めて、迅速で厳格な

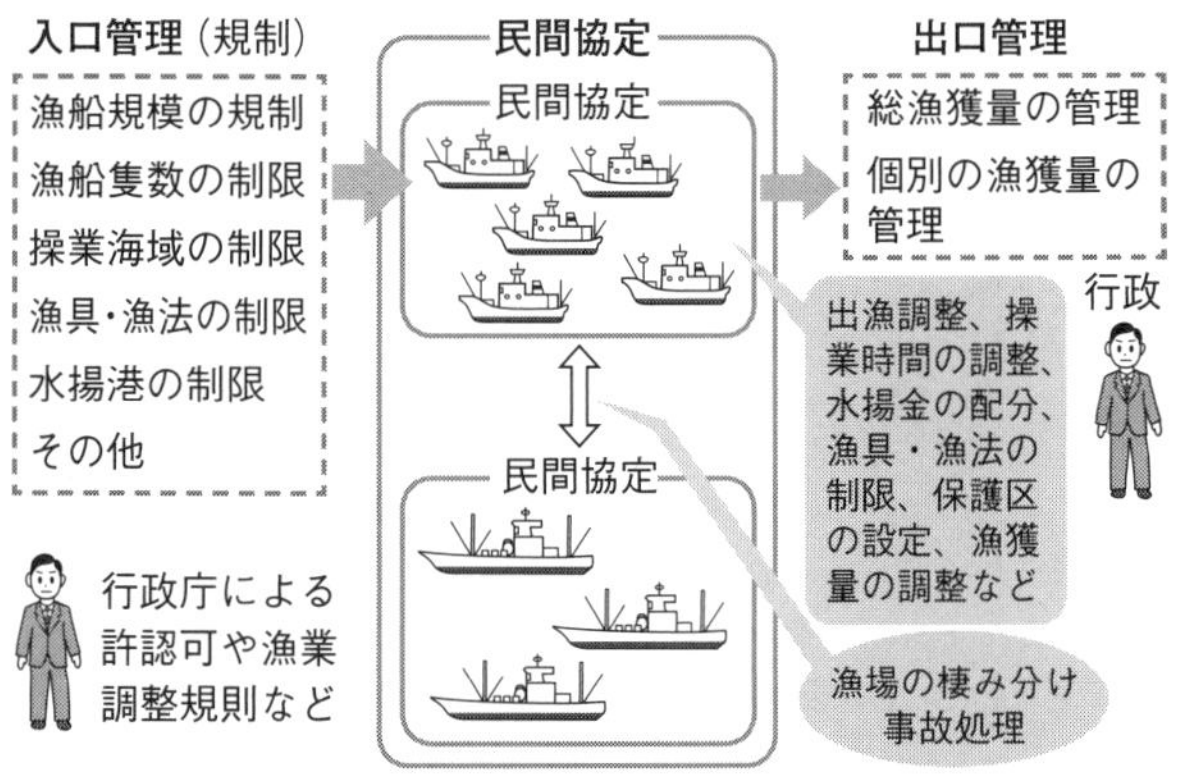

図16　入口管理、民間協定、出口管理の概略

数量管理体制が構築されなければならない。

他方、日本の漁業には、さまざまな魚を一度に漁獲する混獲漁法が多いことから、出口管理が漁業者間の関係に混乱をもたらすケースがある。決まった魚を大量生産する漁業が多い欧米諸国とは事情が大きく異なる。

そこで、こうした事情を踏まえて、資源管理を強化するために入口管理に工夫がなされるようになった。「海洋生物資源の保存及び管理に関する法律」に基づいてTAE（漁獲努力可能量：Total Allowable Effort）を設定するという資源管理方策である。

漁獲努力量とは、漁船隻数・漁船規模・操業日数・漁具の規模や数など、資源に対する漁獲圧力に関わる事柄すべてを指す。つまり、ある資源に対する漁獲努力量を法的に制限するときに定めるものがＴＡＥである。たとえば、減船したり、漁具の能力を落としたりしても、現存する漁船の操業回数が増えれば漁獲量が増加することがあり得るのでそれを制限する、というものである。

ＴＡＥは２００３年度から制度化され、現在８魚種（表３の注２）がその対象となっている。ＴＡＣの対象魚種は、その魚種への生物学的な知見が十分にあることが条件であるが、ＴＡＥは、生物学的な知見が十分でないため漁獲量を制限するに適さず、漁獲努力量の削減で資源回復を図ることができる魚種がその対象となっている。

†民間協定として行われる漁獲管理

だが一方では、制度上の縛りはないが「民間協定によって漁獲量を制限している事例」がある。

たとえば、茨城県・福島県・宮城県・岩手県の４県の沖合で行われているイサダ漁は、民間協定で県域別に漁獲枠を決めている。この県別漁獲割当は加工業者からの要望も強く導入された。

また表３の注５に記したが、北海道の釧路や苫小牧《とまこまい》におけるホッキガイ桁曳網漁業では自主的に総漁獲量を制限し、それを船別に割り当てる制度を設けている。さらには島根県隠岐《おき》島におけるバイ（エッチュウバイ）かご漁業も、専・兼業別に船別の漁獲量の上限を設けている。これらの漁業制度は自主的なIVQ制度と言える。しかし、法的な拘束力がないことから、これらはあくまで「民間協定」内の取り組みとして位置づけられる。

届出漁業および自由漁業は、参入制限がない漁業である。これらの漁業の多くは、操業統制機構を持たない。その状態のことを「オリムピック方式」と呼んでいる。もちろんTAC魚種は出口管理の対象であるため、自由漁業でも漁獲管理が行われる。基本的にこれらの漁業に対するTAC配分が「若干量」（一応配分枠はあるが数値では示されていない）として制限されている。自由漁業で漁獲される数量が実際に「若干量」に収まってきた、というのがその理由であろう。沿岸漁船が行う釣り漁業などが、この場合の自由漁業にあたる。漁業全体から見れば、その漁獲量は数％にも満たない。

さて、以上日本の漁業を俯瞰してきたが、自由漁業で漁獲されている部分を除いて、ほとんどの漁業資源が入口管理された漁業者に漁獲されている。出口管理が行われている魚種の漁獲量は国内生産から見れば36％（2012年）を占めるが、魚種数から見ると約2％である。

日本では400種以上の魚介藻類が食されているという。入口管理のみで十分か、民間協定を強化すべきか、漁獲努力可能量や出口管理も必要かどうかなどの判断は、その努力と効果の関係からなされるべきである。

魚種、海域あるいは漁業種の特性を踏まえると、その判断もさまざまとなろう。最近は、「すべて出口管理が必要である」というような暴論もあるが、そうなれば魚種ごと、海域ごとに研究者を養成しなくてはならず、研究機関が肥大化し、調査研究費、行政コストが莫大《ばくだい》になる。現実離れした素人発想としか言いようがない。幻想を抱く前に現実を知る必要があるのではないか。

漁業資源は野生生物である、という基本

漁業資源の基本とは何か。それは「漁業資源は野生生物である」ということだ。野生生物であるため、その資源量は全量・全数を完全に把握することはできない。あくまで我々が見る資源量データは「推定量」なのである。

その漁業資源の取り方、資源の管理のあり方をめぐって、さまざまな議論が学術界や水産業界以外の場でも取り上げられるようになった。だがマスコミに出てくる内容は、かな

り議論が飛躍したものになっている。すなわち「政府は科学者の警鐘を無視して乱獲を放置している」とのセンセーショナルな糾弾《きゅうだん》だ。サバが、マイワシが、マグロが、ウナギが危ないなどと資源危機を煽り、ついでに「漁業者は補助金漬けだ」とのネガティブキャンペーンも続く。

ただよく読むと記載されている補助金が何を示しているのかわからない。またその額が国の水産予算を上回るなどデタラメな内容（大手新聞やビジネス雑誌）が目立つ。そして、その結論はこうである。「乱獲させて、経営を悪くさせて、補助金を与えて、政府は税金を無駄遣いしている。資源を科学的に管理してさえいれば、経営は良くなるので補助金はいらないはずだ」と。つまりは「資源管理の不徹底が税金の無駄遣いを招いている」らしい。

補助金のことはともあれ、筆者は、これらの言説の中で「科学」が乱れ打ちされていることについては強い違和感をもつ。そうしたマスコミや商業雑誌によく現れる科学万能主義を鼓舞《こぶ》する怪しい専門家たちにも、である。

筆者は、資源評価については門外漢である。だが、知る範囲では、資源評価は、国によって、科学者によって統一的見解になっていないものが少なくない。たとえば、かつて日本もオーストラリアとミナミマグロの資源評価をめぐり国際紛争を経験した。その関係は今なお燻《くすぶ》っている。

あるいは、マスコミなどが資源管理国として褒《ほ》めちぎるアイスランドとノルウェーとの間にも紛争がある。資源評価は、仮説や前提を何重にもかぶせた推定であり、データ採取や推定方法によって結果が異なる。さらに、そこにはデータをどう見るかといった解釈の問題もあるのだ。

科学者や専門家ならその点を踏まえるものだと思うが、最近は「答えありき」の単純な論法に落とし込んだ言説が目立ち、本来諸条件を考慮して的確に表現されるはずの「科学」の文脈が無視される傾向にある。マスコミがつくる「空気」に流され、利用されているのかもしれない。ともあれ「科学」という言葉の使われ方自体が怪しくなっているのは確かである。

†資源管理の理論から実践へ

そもそも漁業資源とはどのようなものか。

それには次の三つの特性がある。すなわち「①自律更新する（自然に再生する）」「②無主物である（私有財産ではない）」「③不安定である（場所も量も変化する）」という特性である。

これらの特性から次のことが言える。まず①の特性があるので、獲りすぎれば資源が減るから、獲りすぎを防止しなければならない。漁業者なら誰でも理解していることである。しかし、②③の特性があるため漁業者は他人より早く、たくさん漁獲しようという衝動に駆られてしまう。そのうえ、③の特性は自然条件の影響が強く出るので、人間にはコントロールしようがない。そこで人間が行えるのは、①の特性を人為的に潰さないような社会的取り組みを行うことである。

このような論理の中で「資源管理＝乱獲防止」が求められるようになった。そして漁業技術の近代化がいち早く進んだ北欧やアメリカでは、「過剰漁獲による資源減少＝乱獲」を20年代に経験している。そのことから資源管理のための理論研究が進められたのである。詳細は他に譲るが、資源を安定的に維持しながら漁業が継続するための理論である。

たとえば、ＭＳＹ（最大持続生産量：Maximum Sustainable Yield）という理論がある。ＭＳＹは「維持できる最大の漁獲量」を求める理論であり、この考え方は至って簡単である。たとえ漁獲により一時的に減っても、親魚を残せば産卵し次世代の資源が加入する。

その自律更新の力をうまく利用すれば、漁獲しながら資源は増え、その力が最大になるところで総漁獲量を維持すれば、漁業は安定する、というものである。その総漁獲量がMSYである。

MSYを達成させる方法としては理論上二つの方法がある。一つは総漁獲量を管理する「出口管理」である。もう一つは漁獲努力量（出漁期間・漁船規模・漁船隻数など）を管理する「入口管理」である。だが、魚群が漁場に一様に分布していることが前提なので、入口管理によるMSYの達成は無理がある。それゆえ、総漁獲量がMSYに達成したところで禁漁にするという出口管理が現実的になる。

しかし、これは本来非定常な自然環境を定常と見なす理論である。そのため、「理論に従って計算されたMSYが、本当に漁獲量も資源の増加量も最大になる水準なのか」という疑いが出てくる。魚種によっては海洋環境や気象に敏感に反応して、急激に増えたり、急激に減ったりする浮き魚類（マイワシ・アジ・サバ類など）にはそもそもMSYを当てはめること自体に無理があるとされている。前提が崩れすぎるからである。

†出口管理の展開

こうした出口管理を包括的に実施していく方法として、先に触れたＴＡＣ管理がある。ＴＡＣが目指すのはＭＳＹの理念に基づく「漁獲量の管理」である。それは資源状態を考慮して、事前に管理基準となるＡＢＣ（生物学的に許容される漁獲量：Acceptable Biological Catch）を研究機関が算定して、それと社会経済的条件を参考にして決定されるものである。

日本は１９９６年に国連海洋法条約の批准国になってから、２００海里水域内の資源の排他的利用の権利と資源管理措置の義務が生じたので、先述したとおり7魚種についてＴＡＣ管理を実施している。

これら魚種のＴＡＣについては、研究機関などの長期漁海況予報会議や内部検討会を経て、ブロック資源評価会議、全国資源評価会議で関係者の合意形成が諮《はか》られる。そこでパブリックコメント（意見公募）を受けつけて、最終的に水産政策審議会で審議され設定されている。

研究者、漁業者団体、流通加工業界、学識者などが、この意思決定のプロセスに関わる。またこれらの議論を通して作成された「海洋生物資源の保存及び管理に関する基本計画」に魚種ごとにどのような管理をするかが定められている。その基本計画の中でまず重要な指標となるのが、管理目標の基準となるＡＢＣである。

ＡＢＣにはいくつかの算定方法があるが、主に「現在の資源推定量×漁獲率」という式が用いられる。「漁獲率」は漁獲係数と自然死亡係数という変数で構成されている関数である。自然死亡とは漁獲によらない資源の減少のことである。環境変動でこれが大きく変化する魚種もあるが、これも一定のものとして計算される。

算定の際には、管理基準のシナリオに漁獲係数を当てはめる。このシナリオは、「将来に達すべき資源量からみて現状の漁獲をどうするか」というものである。つまりＡＢＣは管理基準の設定次第で値が異なるので、資源を減らさないための許容漁獲量という意味ではない。ＡＢＣを上回る漁獲があっても資源は増えるときは増えるし、下回っても資源は減るときは減る。資源の量の増減は「生態系の捕食・被捕食の関係」の中で決まるのに、個別種だけで管理できるという前提自体に無理があるのである。

このＡＢＣの算定には、資源推定量の水準に応じた基本規則がある。たとえば、禁漁が必要な水準や、回復措置が必要な水準や、予防的措置が必要な水準や、現状の漁獲を維持して良い水準などである。

あるいは回復が必要な水準でも、回復させる基準も複数出てくるので、ＡＢＣもいくつかのシナリオに則って算定される。もし回復措置を強めるべきであるとされるのなら、産卵する親魚をたくさん残すＡＢＣが選択される。つまり、「海洋生物資源の保存及び管理に関する基本計画」で定めた魚種ごとの管理方針に合致するＡＢＣが選択されるようになっている。

ＴＡＣは、こうしたＡＢＣを基本にして、社会的・経済的事情を踏まえながら決定される。基本はＴＡＣ＝ＡＢＣが理想とされている。しかし、ＴＡＣがＡＢＣを大きく下回るということもある。資源回復傾向が強く、急激に資源が増えると予想されたときである。ただし、そのときＡＢＣを増やしても、流通事情がそれに対応できないために、ＴＡＣはそれまでの実績と大きくは変わらない数値となる。

図17のサンマがその例である。もともとサンマ棒受網漁業は資源量の増減傾向が激しく、豊漁のときは価格が極端に落ち込み経営破綻が続出していた。そのことからＴＡＣが導入される以前は、生産調整のための協同組合法人（サンマ漁業生産調整協同組合）があり、流通事情に対応した調整が行われてきたのである。

ＴＡＣはその生産調整を総漁獲量から行えるため、サンマではより実践的な管理手法になっている。ただし、安定的に安く魚を仕入れたい流通業者にとっては、漁期中の生産調

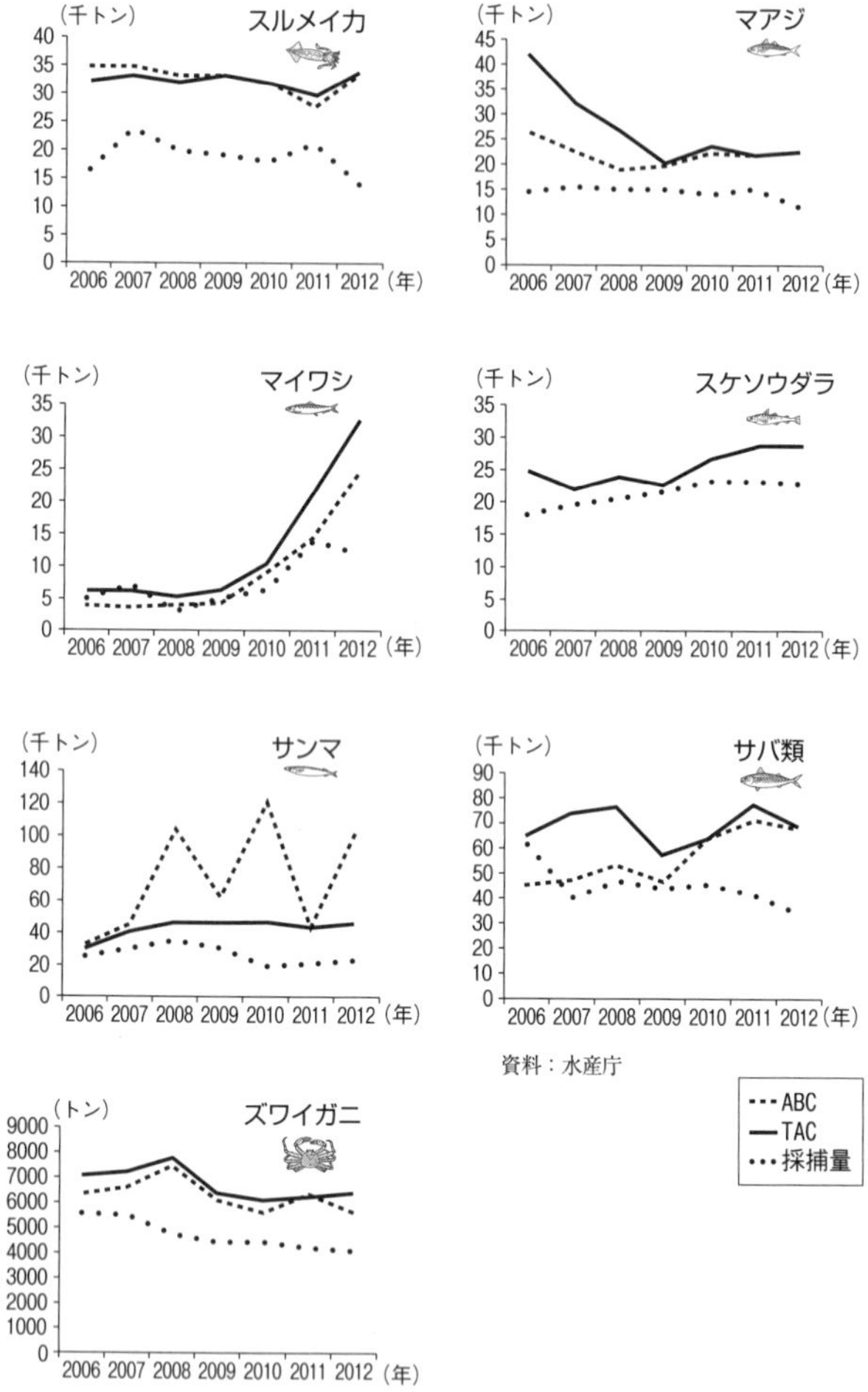

資料：水産庁

図17　TAC対象漁種のABC、TAC、採捕量

整が価格操作につながりかねないので厄介な存在でもある。

ＡＢＣを上回るＴＡＣが設定される場合もある。現在では大きく乖離《かいり》することはなく、限りなくＡＢＣに近い値に収斂《しゅうれん》する傾向にあるが、かつてはＡＢＣの2倍のＴＡＣが設定されたこともあった。近年は大きく乖離していないが、マイワシ・マアジ・サバ類がその例である（図17参照）。海外でもそのような例はあるが、ＴＡＣがＡＢＣを超えている状況に「科学」の軽視という批判が強まったのである。

✝漁獲量は科学的に管理できるか

ＡＢＣのことを生物学的に許されない許容漁獲量と勘違いしているマスコミやジャーナリストあるいは環境ＮＧＯは、「政府が乱獲を容認している」「業界との癒着《ゆちゃく》により資源が食いつぶされている」と論評する。こうした無用な議論が起こらないようにするためにも、ＴＡＣはＡＢＣに準じた方が良いという判断が水産当局の中で強まるのも当然である。

だが、ＴＡＣをＡＢＣに近づけると、科学の不確実性の問題に直面する。特に資源量の推定が大きく外れ、ＡＢＣが過小または過大評価されていたときである。

その科学の不確実性を補うために、直近のデータを使ってＡＢＣが再評価されるようになっている。先にも記した通り、ＴＡＣが決まるまでには一定の合意形成のプロセスがあるため時間を要する。そのプロセスが始まってからの最新データは、ＡＢＣに反映させることができない。そのため、漁期が始まってから再評価して「期中改定」を行うのである。そうした「期中改定」のルールは２００９年から手続きが公式化され、公表されるようになった。かつては魚種ごとのルールでＴＡＣ改定をしていたが、より明確なルールによって改定されるようになっている。

ただし、流通業界はＴＡＣの消化状況を見込んで買い付けをするため、期中改定によってＴＡＣが増枠となると、それまで焦って高値で買い付けていた流通業者が損失を被る。そのため、流通業界には「期中改定」に対する反発がある。

さらには、北海道太平洋のスケソウダラだけに限られているが、「期中改定」後さらに予想以上の来遊量がある場合のために、「先行利用」という仕組みがある。

ＡＢＣの再評価とＴＡＣの「期中改定」は一回だけしかできないので、それ以上のＴＡＣの変更はできない。このままでは漁期をたくさん残してＴＡＣが消化されてしまう。だから、次年度のＴＡＣを先行利用することでその状況を補おうというものである。つまり、ＡＢＣの再評価だけでは不確実性が補いきれなかったときに発動する仕組みということである。

これに対して、「流通業界が困るのだから出口管理に期中改定や先行利用は必要ない」という人もいる。もし、科学が万能で資源量が確実に推定できるのなら、漁業者もそう思うだろう。しかし、実際はそうではない。科学よりも漁業者の経験による予見《よけん》が勝ることもある。

付け加えると、漁獲情報から得られるモニタリングの範囲は限定されており、資源の全範囲におよんでいない。TACの対象魚種のほとんどは隣国（ロシア・韓国・中国・台湾・北朝鮮）でも漁獲されており、日本国内だけで完結していないし、北東大西洋にあるような漁業管理機関（加盟国：EU・ノルウェー・アイスランドなど）はなく、資源管理体制の協調もとれていない。オホーツク海域と根室海域のスケソウダラにおいては、情報があまりに不足しているためABCの算定さえ行われていない（日本海北部および太平洋のスケソウダラはABC算定が行われている）。

科学といえば、その権威を尊重する人は多いと思われる。だが、科学の不確実性を認めるのもまた科学である。こうした科学論を抜きにした資源管理論はあり得ない。

† 日本での「漁獲可能量」の管理の限界

　TACは、総枠が決定すると海域別に大臣管理分と知事管理分（都道府県別）に配分される。最終的には、漁業種別・都道府県の割当量として表れる。

　スルメイカを例にとると、大臣管理分として中型イカ釣り漁業、小型イカ釣り漁業（届出漁業）、大中型まき網漁業、沖合底曳網漁業、知事管理分として小型底曳網漁業、定置網漁業（漁業権漁業）、その他となっている。知事管理分のTACは都道府県別に配分されている。

　もともと日本では、一つの魚種をめぐり、「網を運用して魚を追う漁業」（底曳網漁業・曳網漁業・まき網漁業）、「魚を釣る漁業」（一本釣り漁業）、「一時的に漁具を仕掛けて魚がかかるのを待つ漁業」（刺し網漁業・延縄漁業・かご漁業）、「沿岸で完全に網を固定して魚の入網を待つ漁業」（定置網漁業）などが競合してきた。

　これらは基本的に対立していることが多い。たとえば、定置網漁業者や一本釣り漁業者は、「沖合で底曳網漁業やまき網漁業が資源を先取りしている」という感覚を常にもっており、不漁の原因をそこに求めてしまう。他方で「定置網漁業による小型魚の大量漁獲が

154

原因で資源が減った」という漁業者もいる。このように、漁業者は他の漁業種への不信感を抱いている。また隣県との漁獲競合による対立もよくある。それが普通である。

それゆえ、TACは全体で管理しているのではなく、過去の実績などを踏まえて漁業種別あるいは県別に配分し、それぞれで管理されている。ただし、イカ釣り漁業を除けば、多くが目的外の魚もかかる「混獲漁法」であることからどうしても生じる問題がある。すでに割り当てられたTACを消化しているのに、当該魚種が混獲されて割当をオーバーするときである。特に、定置網漁業においてTAC対象魚種が大量に漁獲される場合である。

定置網漁業は漁獲対象魚種が選択できない混獲漁法であるだけでなく、「待ちの漁業」であることから、TACの配分は「若干量」（数値は示されていないが実際は配分されている）とされてきた。混獲される魚種の中にTAC魚種がどれだけ漁獲されるかわからないし、漁獲量をコントロールできないとしてそのような措置がとられているのである。

だが、定置網漁業においては、TAC対象魚種が「若干量」とは言えないような豊漁になるときがある。

北海道太平洋海区のスケソウダラの例を見よう。このTACは、大臣管理分（沖合底曳網漁業）と知事管理分（刺し網漁業・底建《そこだて》網漁業・大型定置網漁業・その他）に配分されている。沿岸漁業者に敵視されてきた沖合底曳網漁業では漁獲量が徹底管理されている一方で、「若干量」配分である底建網漁業と大型定置網漁業が大漁になるときがある。こうなると沖合底曳網漁業サイドが不公平感を持つ。

もちろん同じ知事管理分である刺し網漁業への影響もある。もし定置網の豊漁が原因で総漁獲量を超えると、出口管理の意義が失われる。それゆえ、総漁獲量がTACを上回らないように「期中改定」はもちろんのこと「先行利用」の措置もとられるのだが、このような対応に対しても異議が唱えられるのである。

これまで見てきたように、TAC対象魚種をめぐる管理は、「厳格管理が求められる漁業」と「それが求められない漁業」とが混在しているという難しさがある。また漁場形成の年変動によって、配分した枠の通りにはTAC消化が進まず、早く消化できる漁業種・県域と消化できない漁業種・県域に分かれるということもある。結局、配分の期中改定が行われるのだが、期中改定が成立するまでの手続きと調査に労力と時間がかかる。

だが、これは漁業種間の競合から生じてくるものであり、TAC管理以前に存在する調整問題なのである。つまり、TAC管理では、各漁業種に対して総漁獲量を配分するが、漁場にある潜在的対立＝漁獲競争を解決できないのだ。なぜなら、TAC管理は「上限枠」の配分であって、「資源」を配分しているのではないからである。

ＴＡＣ管理は、研究者の投入だけでなく、見えないところでの調整業務もあり、かなりの行政コストと労力をかけて運用されている。ＴＡＣを細分化すればするほど、それに伴う調整課題が発生し、さらなる行政コストと時間を要することになる。ＴＡＣの対象魚種を増やすことも検討されているが、「その資源の科学的知見が十分にあるかどうか」「ＴＡＣ管理の有効性があるのかどうか」などの条件に加えて、コストパフォーマンスが問題になっている。

科学的管理とは、科学の前提がしっかりしてこその管理である。その前提が不確実なため、多大な行政コストや業界のコストを使って調整を図り、不満を蓄積させながら実態を制度に合わさざるを得ない。

その成果はよくわからず、資源は減るときは減るし、増えるときは増える。ＭＳＹはあくまで努力目標なのである。これがＴＡＣの限界である。「科学的に資源管理さえすれば、漁業経営が向上し補助金は必要なくなる」という文脈がどこからきたのか教えてほしい。

†漁獲枠の個別割当は正しいか

こうしてTAC管理の限界は、TAC配分の細分化をすればするほど明らかになる。だが、「北欧の漁業先進国に学び、個別割当にすべきだ」という議論もある。ときには、マスコミや商業雑誌もその論調をよく鵜呑みして大合唱している。「年間の漁獲枠が限られると、漁業者は取り急ぐことをせず、投資も抑制し、漁業経営（収益性）のことを考えるようになる」というのが理由である。たしかにそのようなインセンティブは働くと思う。

しかし、そのインセンティブが有効に働くのは、①価格や②漁場形成が安定しているという条件あっての話である。

1990年頃のタラ漁業の危機を契機に、IVQ制度の導入を進めたノルウェーの例を見よう。

①の価格面の環境条件は良好のようであった。その理由は三つある。第一に、法制度のもとで鮮魚販売組合が取引の独占権を得ており、目標価格などを設定して価格維持を図る仕組みがあること。第二に、官民一体となった海外へのマーケティング活動が先進的に展

開したこと。これは、日本でも大使館を拠点にした活動が行われてきた。そして第三に、大西洋のサバなど大量漁獲魚種は、輸出増を受けてミールや魚油《ぎょゆ》など非食用向けの出荷が相対的に減り、食用向け（冷凍製品仕向け）が増加したことである。その結果、平均価格が大きく押し上げられたのだ。

こうした「流通事情の変化」が、IVQ制度と並行して進んだのである（大海原宏「「隣の芝生」をよく見ると――ノルウェー・アイスランドの漁業制度・政策の概観」『海洋水産エンジニアリング』110号所収）。

ノルウェーの大西洋サバの減産を受けて、2005年頃から日本でもサバ類が輸出されるようになり、非食用に向かうはずの裾物《すそもの》（質の良くない品物）までが食用となり、サバ類の価格が上昇した。そのことで日本のまき網漁業の経営も好転したことは記憶に新しい。価格は生産者の事情だけで決まるものではなく、今日では市場の形成と衰退を含めた流通事情によって左右されていることの証拠である。

次に②の漁場形成についてである。漁場は自然環境に左右されているし、アイスランドやフェロー諸島、EU諸国などの隣国との境界で動くこともある。他国の過剰漁獲で資源が悪化することもある。TAC管理とはいえ、資源管理は自国だけで完結できない。

ノルウェーのＩＶＱ制度の優れているところは、不振漁船を廃業させて優良な漁船に漁獲割当を集約する減船事業の運用が加わっているところにある。減船事業は、「減船対象者に交付金を支払う」という後ろ向きの税金投入が必要であるが、いずれは進む自然淘汰《とうた》を待たずてっとり早く漁船数を減らし、過剰な漁獲状態を改善する手法である。過剰な漁獲状態の改善と資源の回復措置を図りながら、残る漁船の経営環境を改善するには積極的に減船をして漁獲割当を集約化することがてっとりばやい。

したがって、「漁船別の漁獲割当」の導入によって漁業経営が改善されるというのは、あくまで「価格安定の環境を整え、漁場形成の不安定性に対応した漁船勢力に再編させる」という論理の中で達成しているのである。つまり、「ＩＶＱ制度の導入により乱獲が防止され、漁業経営が発展する」というのは表層的で情緒的な素人評価にすぎない。

†漁業までもが金融資本主義にとりこまれる

個別割当をさらに発展させたものとしてＩＴＱ制度（譲渡性個別割当制度）がある。これは個別割当の枠を証券化して、その流通を可能にしたものである。

先に記したノルウェーでは、ＩＶＱでは政府関与の元で減船時に漁獲割当が再配分されるが、ＩＴＱは無政府状態のまま個別割当の再配分を進めるものであり、「資本による市場独占」が可能な制度である。これはアメリカ・カナダ・イギリスの極一部で導入されているが、アイスランド・ニュージーランド・オーストラリアでは積極的に導入されてきた。そのなかでもアイスランドが際立っている。

アイスランドは、人口30万人あまりの小さな島国だが、海に囲まれている漁業国である。80年代までは福祉国家だったが、イギリスが80年代のサッチャー政権のもと新自由主義体制へ突き進むなかで、それまでのような対イギリス貿易に依存できないようになり、国家の運営が危うくなった。さらに１９９０年のタラ漁業の不振によってもたらされた経済不況が国家財政の悪化につながったことを契機に、「小さな政府」「国営施設の民営化」「金融国」へと舵《かじ》を切る。福祉国家の生き方を強めたノルウェーとは真逆の対応である。そしてリーマンショックで金融破綻し、国家が破産寸前にまで追い込まれた。

そのアイスランドは、１９８４年から個別割当を導入し、そして１９９０年からＩＴＱに切り替えた。総漁獲量の98％がＩＴＱとなった。ＩＴＱはいわば金融商品である。つまりアイスランドでは、漁業までもが金融資本主義経済のシステムの中に組み込まれたことになる。

これにより、大企業型の水産会社が小生産者の漁獲枠を買い集め、割当の寡占化が進んだ。それと同時に、沿岸漁村では漁獲枠の所有者がいなくなり、水揚げがなくなり、地元の水産加工業が閉鎖に追い込まれたという。ＩＴＱが無制限に運用されると、地域経済を破滅させてしまうのだ。

また資源の利用者が所有しているのならまだしも、漁業と縁がない投資家の手にも渡ることになる。富裕者層に富が効率的に集中するシステムに、漁業が呑み込まれているのである。

だが、リーマンショック後、他の金融商品が紙切れになるなか、資産価値を失っていないＩＴＱの一部が国外に流れているのだから悲惨である。しかも国家再建のために「資源管理税」など徴税の引き上げが凄まじいため、ＩＴＱから得られる利益率は大きく落ち込んでいるという。

この増税の悲劇を捉えて、「アイスランドの水産会社は増税を強いられているのに、日本では漁業に補助金が注がれている」とマスコミは煽る。彼らは、「ＩＴＱの導入によって優良な会社が大規模化し、効率的に経営することによって増税を可能にしている」という。もちろん地域経済を壊しているなど、ＩＴＱの負の側面には見向きもしない。

ちなみに、それら財界の意見を代弁するマスコミの日本政府の税制改革に対する報道スタンスは、いつも「法人税を減税せよ」である。

†増える虚偽報告と投棄魚

ニュージーランド、オーストラリアでのＩＴＱの導入は、漁獲数量ベースでそれぞれ6割、4割と進んでいる。ニュージーランドではすでに導入されている個別割当をＩＴＱに移行する方針のようである。

たしかにＩＴＱの導入によって優良経営者に割当が集まり、漁業の生産性は向上したとみられている。ただし、両国ともＩＴＱの導入には「当該資源に関わる85％の漁業者の合意」が必要となっており、上から押しつけられるものにはなっていない。つまり漁業者が、受け入れていいるのである。

とはいえ、ＩＴＱ制度ではあってはならない虚偽報告や、漁獲物の投棄などのモラルハザードが発生しているようである。これを受けて、ニュージーランド漁業省は監視体制を強めたものの、罰則金が高くないことから投棄などは繰り返されたという（Ministry of Fisheries, "Report from the Fishery Assessment Plenary," May 2007の牧野光琢報告）。しかも資源評価が行われていない魚種が多く、資源評価が行われている魚種（ホキ・オレンジラフィー）では資源量の悪化が明らかになっているという。

ＩＶＱやＩＴＱ制度の導入でもっとも問題視されるのは、投棄魚の増加である。

個別割当の運用で利益率を高めるためには、限られた枠の中で「価格形成力のあるサイズの魚」を、できるだけたくさん水揚げすることである。魚群探知機で魚群を見つけた際に魚体を見極めることもできるが、それはおおよそである。魚群には小さなサイズの魚体も混じっている。その混じりが多いと、利益率を高めるために小型魚や混獲魚を投棄し、漁獲努力量（投網回数など）を増やしてしまう、というのである。

しかも、みなが同じ行動をとれば価格暴落につながる。かつて日本でもＴＡＣの導入時にサンマ選別機が使われ、小型魚の投棄が増えて、大型の鮮魚が過剰供給となり価格が落ち込んだ。船上でのサイズ選別のための「セパレーター」と勘違いされるが、小型魚投棄のための選別機は搭載禁止となった。

いかなる方式をとろうとも、虚偽・投棄などの問題はつきものである。だから資源管理は漁業者のモラルが醸成されていなければうまくいかない。結局、出口管理を細分化し、強めていくと、漁業者性悪説に立った監視業務型の行政が拡大せざるを得なくなるのだ。

いわば「治安が悪くなるから警察官の数を増やす」のと同じである。

†日本の資源管理の実情

日本では3魚種においてＩＶＱ制度が行われているが、いずれも厳格に管理されている。特に、大西洋クロマグロやミナミマグロは国際協調の中で漁獲枠が削減されているので、漁獲を報告するだけでなく、当局が水揚げ時にも計量するという監視が行われているのである。漁獲枠を少しでも超過すると、厳しい罰則を受けることになる。

他方、近海域で行われているその他の資源管理は、漁協（漁業協同組合）が核となって実施されているか、同業者で任意に組織化（漁業管理組織）を図り、「民間協定」を結んで取り組まれている。

漁業管理組織は、資源量を把握し管理する組織ではない。乱獲を防止し、漁場利用の秩序化を図るための調整組織である。そのため資源管理とはいえ、行政による監視は前提になっておらず、自治による相互監視という原理に依存している。

特に優良事例ではその傾向が強い。行政は取り組みをバックアップする立場にある。したがって、ＩＶＱやＩＴＱで見られる行政官と漁業者との間にある緊張感もない。

また近年、新潟県ではエビかご漁業へのＩＶＱ制度の導入試験が行われており、「日本初」というマスコミ報道で知られている。もちろん日本初ではない。よく調べてみると、県全体で経営体数8、漁船20トン未満という漁業規模と取り組み内容からして、行政機関とタイアップしながら「民間協定」で管理できるレベルだ。他地区のＩＶＱの先進事例を学べば良いだけである。

さて、２００８年の「漁業センサス」によると、漁業管理組織は１７３８となっている。あくまで把握された数であるが、１９８８年の１３３９と比較すると多い。20年間で漁業者数は大きく減じているのに、漁業管理組織は４００組織も増えたということになる。

つまり、西欧諸国ではＩＶＱやＩＴＱの導入が進むなか、日本では利害が対立する漁業者らの組織によって、資源管理や漁場の問題を図ることに力が注《そそ》がれてきたのである。換言すると、漁業者らの資源管理の活動は強化されてきたのである。

筆者も含めた研究者は、調査研究で漁村に訪問するとき、こうした漁業管理組織といくつも出くわしている。たとえば、東京湾ではシャコ漁やアナゴ筒《つつ》漁などを営む漁業者らの優良な組織を見ることができる。

全国には、漁業者らが向き合って、議論、協議、調整を繰り返して、漁場の使い方を決めて資源管理を実施している例が山ほどある。時間をかけて熟成させた資源管理の活動が、各地で見られる。それらの活動を、水産行政職員や水産業改良普及員あるいは水産試験場の職員が、献身的にサポートしている。

しかし、こうした活動で漁獲抑制をどれだけ図っても、原因不明のまま資源が減るときもある。東京湾でシャコ漁を営む横浜漁協柴支所の小型底曳網漁業者らは、70年代前半に資源壊滅の経験をしてから、「2日操業1日休漁」というスタイルで資源管理を続けてきた。だが、近年また資源の危機に直面し、自主禁漁するまでに至った。後述する貧酸素水《ひんさんそすい》塊《かい》が発生したのではないかという説がある。

また同じく60年代に資源来遊がなくなった教訓を踏まえて、協議会を設置して自主的にかつ厳格に漁獲管理をしてきた北海道檜山《ひやま》のスケソウ延縄漁業も、近年資源量の減少が著しく、厳しい漁模様が続いている。配分されたTACを大きく下回る漁獲量に自ら抑制してきたにもかかわらず、である。こうした事例は珍しくない。

漁場において秩序が形成されず、漁獲競争が過当になれば、資源は減少する。そのことをわかっていない漁業者はいない。それゆえ、低能率の一本釣りなどを除けば、ほとんどの漁業で漁業者間のルールづくりがなされている。過去において資源の危機を経験した漁業者らは、それを教訓に資源管理の統制力を強める。

しかし、それでもその努力が報われないことがある。つまり、漁業者らの努力がおよばないところで、漁業資源は自然環境の変動の中で増減を繰り返しているのである。

†「乱獲」の乱暴な議論

最近、漁獲量が減ればとにかく「乱獲」とされる。漁業者が先取り競争ばかりしているからだ、という話になる。その「乱獲」が資源管理政策の批判の根拠となっている。

だが漁獲量減少は、本当に「乱獲」の一言で括《くく》られるのであろうか。

たとえば、八田達夫・髙田眞著『日本の農林水産業』（日本経済新聞出版社、2010年）では、下関《しものせき》漁港や塩釜《しおがま》漁港における水揚げ量の著しい減少傾向を示し、水産資源の乱獲説を取りあげていた（205ページ）。

ちなみに、70年代からのこれらの漁港の極端な水揚げ減少の背景は次のとおりである。

まず下関漁港においては、東シナ海で操業する大中型まき網漁船の主要な水揚げ基地が、下関漁港から新設された九州北部の松浦《まつうら》漁港などにシフトしたこと。そして塩釜漁港においては、200海里体制後、北洋漁業の減船事業が始まり、それに伴って遠洋底曳網漁船の水揚げが激減したことである。

乱獲とは直結していないにもかかわらず、そのことを知らない人が水揚げ量の減少傾向を見ればそう思うであろう。その誤解を意図的に導き出す乱暴な手口が乱用されているのだ。しかも堂々とである。

とはいえ、多くの地域で漁獲量が落ち込んでいるのもたしかである。漁獲行為が行われている以上、「漁獲が過ぎた」ということももちろんあろうが、水産資源は自然環境の状況変化次第で移動するし、大量死もする。自然環境が物理的・化学的に壊されてもいる。漁獲の落ち込みの原因は、こうした要因が絡んでいよう。ただ、どれだけ原因を究明しても答えは推論の枠からでることはない。どの説が有力かが問題になる。

だが、さまざまな魚の産卵場であり、稚魚の育成場でもある沿岸海域が、戦後の国土開発の繰り返しの中で劣化していることはたしかである。特に本来は生物相が豊かである東京湾、伊勢湾、瀬戸内海《せとないかい》、博多湾、有明海《ありあけかい》など閉鎖性海域である。

これらの海域では戦後から高度経済成長期にかけて、巨大な臨海工業地帯が形成されている。石油コンビナート・製鉄所・造船所・重化学工場が港湾施設と並んで埋め立て地にひしめき合っている。

また、干潟地帯では干拓工事による農地開発が進められたり、農地の塩害を防ぐために諫早《いさはや》湾の水門のような堰《せき》が建設されたり、あるいは大規模な埋め立て造成による空港建設も行われてきた。この間、浚渫《しゅんせつ》(水底の掘削)・埋め立て・護岸工事が繰り返されたことで、海岸や海底地形は自然状態とはほど遠い状況となった。富栄養化による赤潮被害も多発した。

それでも海の豊かさはすぐには衰えなかったが、何十年も通して堆積したヘドロや、止まることがなかった海砂利の採取が、海底の海洋環境を劣化させたのである。

ヘドロは生活排水や工場排水によって大量発生したプランクトン(赤潮も含む)が、死《し》骸《がい》となって海底に堆積したものである。ヘドロは、硫化水素を発して悪臭と貧酸素水塊を漂わせるという。

本来、プランクトンの死骸はバクテリアにより分解されるが、夏場の高水温期、海水が動かない窪地《くぼち》などでバクテリアの分解活動がとまる。海水の交換がないため、酸素が供給されないからである。貧酸素状態になればバクテリアは死滅する。そうなるとプランクトンの死骸がヘドロとなり、そして貧酸素水塊を発生させるという。

海砂利は建築材として使われるが、この採取が行きすぎると窪地ができる。窪地ができると海流が変化したり、窪地内の海水の交換がなくなり、そこにヘドロが堆積するようになる。陸域から砂利が供給されれば問題ないのだが、護岸工事、河口堰、ダム建設など陸域の開発によって、砂利が供給されにくくなっているという。

こうした海底環境の破壊により海流が変わったり、貧酸素水塊が広がったりした。貧酸素水塊では生物は生息できなくなり、生物相が消滅する。とくに閉鎖海域の浅海域は、さまざまな魚介類の稚魚・稚貝の育成場であることから、そこでは漁業資源の再生産が行われなくなる。

他方、瀬戸内海では公害防止という観点からの排水規制（瀬戸内法）が厳しく、陸域からの栄養塩の補給が絶たれていて貧栄養化が進んでいるという。そのことでノリの色落ちやカキの成長不良が問題となる一方、魚資源も減っている。だからといって排水規制をなくせば、赤潮が発生しやすくなり魚類養殖業者が困ることになる。漁民の利害は一致しない。

また日本海側を中心に、外海では磯焼《いそやけ》現象が広がっている。磯焼は「海の砂漠化」とも言われており、海藻群落が消失する現象である。海に栄養が足りないなか、ウニなどの食害により海藻が繁茂《はんも》しなくなり、サンゴ藻という海藻に覆われて磯場が白くなるというものである。この現象は、いまや太平洋側でも見られる。これは国土開発が進む前はあまり見られなかった現象のようである。

瀬戸内海などかつて公害により汚れた海は、今透明度がかなり高まったという。たしかに見てみると透き通っている。だが、それは魚介類の餌料となるプランクトンの発生が弱まっているためだ。また魚類の産卵場でもあり仔魚《しぎょ》・稚魚《ちぎょ》の育成場でもある藻場や干潟《ひがた》の喪失を意味している。そのため沿岸域に生息する魚介類が少なくなった。

しかも、近年、エチゼンクラゲ・キタミズクラゲ・ナルトビエイ・ザラボヤ・ツメタガイ・ヒトデなど有害生物が大量発生している。

ナルトビエイやツメタガイの発生で干潟のアサリ漁場（瀬戸内海をはじめ全国の干潟地帯）が犯され、エチゼンクラゲやキタミズクラゲの発生で定置網や底曳網漁業（日本海から北太平洋沿岸）が行えなくなり、ザラボヤの発生で養殖ホタテガイ（北海道噴火湾）が減産に追い込まれた。またヒトデの大発生により、道東部主力漁業であるホタテガイ漁業の造成漁場（根室海峡）が使える状態でなくなっている。明らかに海は痩《や》せている。豊饒《ほうじょう》の海はどこへいったのか。

このように漁業資源の基礎生産力を支えてきた沿岸域の環境が危機にあるため、資源管理の実践以前に漁業が成り立ちにくくなっている。サケやトラフグなどは稚魚の放流なしでは資源が維持できないとされている。あとは漁民がこの状況下で、どう努力するかにかかっている。

実際、漁村では、海底清掃（投棄漁具などを回収する）、海岸掃除（海岸に溜まったゴミを回収する）、海底耕耘《こううん》（底に溜まった栄養塩をかき混ぜる）、植林活動、有害生物の駆除活動、藻場・干潟再生活動などの環境再生活動が行われている。これらの活動に対するインセンティブは、漁業の再生に他ならない。

ただし、有害生物の駆除活動や船舶座礁に伴う油の流出・着岸などは漁民の手に負えない。悲惨としかいいようがない。

自然環境の中で生業を続ける以上、漁業における「利用」と「環境保全」は一体である。国土開発の犠牲となった漁民は、漁民であり続けるために「環境再生」という重荷まで背負わされている。その国土開発の恩恵を受けて暮らす我々が、漁獲量の減少を見つけては「乱獲」と決めつけて良いのであろうか。人道的に許されないようにも思える。

第５章

養殖ビジネス、その可能性と限界

†養殖三分類と自然

養殖業は、「養殖場の中で水棲《すいせい》生物を育てる産業」である。

養殖業は、不確定な要素が多い漁業と比較して、ある程度自然の支配から逃れて計画的に行える要素が多い。また養殖業の場合、資源には所有権がある。無主物である漁業資源とは大きな違いである。

ただし、養殖業とはいえ、自然との関係から逃れることはできないし、むしろ農業のような形で自然環境の力を利用している側面もある。

養殖業と自然との関係については一括りにはできない。自然との関係からすると養殖業は三つに大別されている。「無給餌《むきゅうじ》型養殖」「給餌型養殖」「陸上養殖」の三つである。

無給餌型養殖とは、餌を人工的に与えず、自然環境を利用する養殖であり、主に貝類や海藻類がその対象となる。無給餌型養殖は日本の伝統産業である。なかでもノリ類の養殖は300年以上もの歴史がある。中国、韓国でも行われている。

無給餌型養殖の対象種となっている代表的な貝類はカキ、次いでホタテガイである。真《しん》珠《じゅ》養殖も無給餌型である。真珠養殖の歴史はカキ養殖に次いで長く、そのスタート時期を探ると明治期まで遡《さかのぼ》る。

海藻類は、ノリ類の他、ワカメ・コンブ・モズクなどがある。ノリ養殖は、有明海・瀬戸内海・伊勢湾・東京湾・仙台湾などが主要産地であり、国内の最大養殖産業である。貝類でも海藻類でもないものとしてホヤがある。ホヤ養殖の産地は三陸と北海道と限定的であるが、宮城県が圧倒的に多い。次いで岩手県である。

貝類は主に植物プランクトンや有機懸濁《けんだく》物を捕食して育つ。海藻類は太陽光を浴びながらリンや窒素など栄養塩を吸収して育つ。無給餌型の場合、養殖物を自然環境に晒《さら》して、養殖場に流れてくる植物プランクトンや栄養塩を摂取させている。植物プランクトンは光合成と海水中の養分で維持している。海には潮流があることから、それらがどこからか養殖場に流れてくるのである。

そうした海洋における餌料環境と当該養殖生物に適した「水温帯」が、養殖漁場形成の条件となる。無給餌型養殖と自然との関係は、土地利用型農業と自然との関係に近い。だが、無給餌型養殖では作物の育成促進のために重要な「土壌づくり」「施肥《せひ》」に類する養分補給技術はあまりない（ノリ養殖やワカメ養殖にはそれに近いものがあるが）。

二つめの「給餌型養殖」とは、文字通り餌を与えて育てる養殖であり、主に魚類、エビ類などが対象である。国内では、ブリ類、マダイが代表的である。ブリ類にはカンパチも含まれている。

ブリの養殖は昭和初期（1928年）に香川県引田《ひけた》地区において世界で初めて成功し、その歴史は長い。ただし産業として拡大したのは高度経済成長期である。その他として、クルマエビ・マアジ・シマアジ・ギンザケ・トラフグなどがあるが、近年では、西日本一帯でクロマグロ養殖が急拡大しており、我が国の養殖業界の注目の的になっている。ちなみに、ウニ養殖やアワビ養殖は、海藻やペレットを与えるので給餌型になる。

給餌型養殖は、餌を効率的に摂取させて育てることが技術的に重要なポイントになる。ただし、養殖魚はいけすに入れられて集約的に管理・育成されているので、漁場の水質悪化を招くようなことになれば、魚病が発生して死滅することもある。それゆえ、かつては魚病対策として抗生物質が多投されていたが、近年では「薬事法」に則ってワクチン投与に切り替えるなど、出荷後に検出されない程度の使用になっている。BSE・鳥インフルエンザの発生後、安心・安全対策が叫ばれるようになってからはトレーサビリティ（餌料・薬品の投入記録の追跡）の導入が進んだ。そうした技術体系や安心・安全対策については畜産業に似たところが多い。

三つめの「陸上養殖」とは、陸上養殖施設や人工池の中で餌料を与えて育てる養殖である。陸上養殖という分野に限れば、ウナギ養殖が最大産業である。明治期から産業として存在し、養殖産地として最初に栄えたのが静岡県の浜名湖《はまなこ》周辺とされている。それが戦後、各地に拡大して現在では鹿児島県が最大産地になっている。

淡水だと、養鱒場《ようそんじょう》でニジマス、養鯉場《ようりじょう》でコイなどがあるが、食用海産物としてはヒラメ・トラフグ・海ブドウなどが陸上養殖の対象となっている。ヒラメは大分県や愛媛県、海ブドウは沖縄県と産地は限定的である。

陸上養殖の特徴は、「閉鎖空間の中で養殖するため人間の完全管理下にある」ということだ。育成環境をコントロールできるから、海洋環境に依存している海面養殖とはその点で大きく異なる。

しかし、育成環境をコントロールできるとはいえ、自然任せではないぶん、養殖池内の環境管理に人手とコストを要する。餌料供給や選別・分散作業（同じ池内・いけす内の養殖物のサイズを揃える）は海面養殖と同じく行わなければならない。さらに、水循環がなく完全な掛け流し式でなければ、酸素供給のためのエアレーションが停止しないように機器類や電源を監視し続けなければならない。そのうえ、養殖池の底に溜まる排泄物や餌料残滓を取り除くために掃除を頻繁に行わなければならず、人手を要するのである。

また陸上養殖は隔離された施設の中で行われているとはいえ、自然の支配からは逃れられない部分もある。陸上養殖には「水源」を確保し、良質な水を確保しなければならないからである。淡水養殖の場合、水利権を得て、池や河川から用水を引っ張るという方法がとられる。その水は浄化された水道水ではなく、自然の水源から得ているということは言うまでもない。

問題は、水源が汚染されると大変なことになることである。ただし、ウナギ養殖では地下水（淡水）が利用されているため、そのような心配は少ない。だがヒラメやトラフグの陸上養殖では、海水を海中からポンプで取水《しゅすい》する方式が採用されているため、若干のリスクはある。

地下海水を吸水しているケースでは、地下の海水源をボーリングによってあてなければならず、開発コストが大きい。またアワビの陸上養殖では、海洋深層水が利用されていることがある。いずれの場合も、養殖対象種に適した水温の水が確保されることが重要とされている。

†日本の海面養殖生産を概観する

現在、海面養殖業は多岐にわたっており、その対象種は増やされる傾向にある。近世からの伝統養殖であるノリ類養殖、カキ養殖、明治期に開発に成功した真珠養殖に加えて、さまざまな養殖業が開発された。

その後、さまざまな生物種が試され、主要な養殖種は先に記したとおりである。その他数え切れないほどある。珍しい生物種としては、付着生物として漁業者に嫌われているフジツボが下北半島の青森県むつ市川内町《かわうちまち》で養殖されている。

さて、海面養殖業の生産量は他の漁業部門が落ち込んでいくなか、90年代まで右肩上がりの状況が続いた。かつて養殖業は漁村活性化の核として期待され、不安定な漁業に取って代わる産業として成長し続けた。

１９６０年の養殖総生産量は約28万トン、１９７０年は約55万トン、１９８０年は99万トン、そして１９８３年に１００万トンを突破。10年強で倍増する勢いだったのである（図18）。

この増産に貢献したのは、50年代から60年代にかけてはカキ養殖業、60年代から70年代

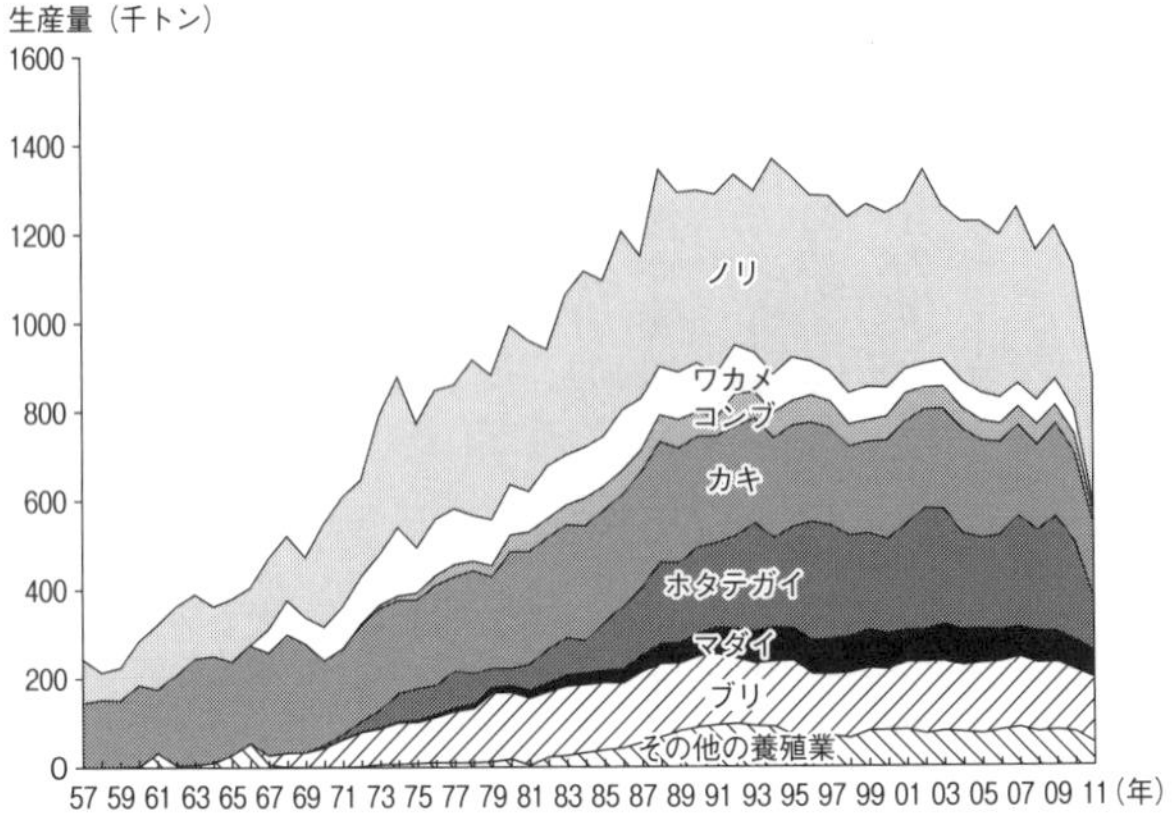

注　：真珠養殖を除く
資料：農林水産省「漁業・養殖業生産統計年報」

図18　海面養殖業の生産量

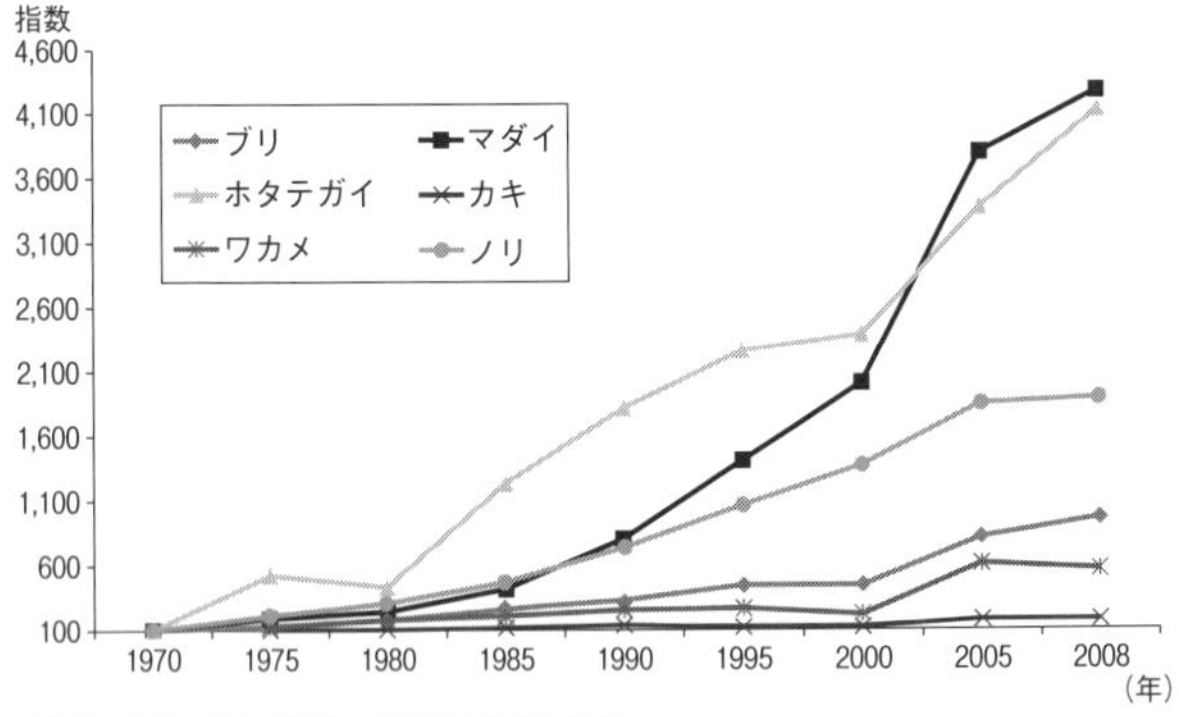

資料：農林水産省「漁業・養殖業生産統計年報」

図19　1経営体あたりの生産量の変化（1970年＝100）

にかけてはワカメ養殖業とブリ養殖、70年代から90年代にかけてはホタテガイ養殖とマダイ養殖であり、そして50年代から90年頃まで生産量を伸ばし続けたノリ類養殖である。総体としてバブル期（１９８５〜１９９２年）までは成長の勢いを見ることができる。「つくれば売れる」といった当時の内需拡大基調が続いていたことが影響していよう。

総生産量は１９９４年に１３４万トンとピークを迎え、その後は横ばいとなり、１２０万トンから１３０万トン前後を推移した。そしてバブル経済の崩壊に少し遅れて、養殖生産量は頭打ちとなったのである。

養殖業の生産量の拡大は、開発の成功に伴う経営体の増加と、その後の産地間競争に刺激された投資の拡大によってもたらされたが、それが進むと価格低落の中で収益性が悪化し、経営の体力を失って廃業する経営体が続出する。だが、その一方で、意欲ある経営体が空いた漁場を使って規模拡大を果たすといった状況が形成される。

多くの養殖業は、このような産地間競争が伴う再生産の中で、生産技術が発展し、また産地の位置づけや特性をはっきりさせてきた。

図19を見よう。これは主要養殖業の１経営体当たりの平均生産量の推移を指数で見たものである。１９７０年を１００として5年ごとを表している。ただし、養殖経営体数の直

近データは、現在公表されている２００8年のものとしている。

これを見ると、すべての養殖業が拡大してきたことがわかるだろう。60年代に規模拡大が進んだカキ養殖を見よう。70年以後は拡大基調ではなかった。その一方で、70年代から勃興したホタテガイ、マダイ養殖は00年代まで急拡大する。ノリ養殖もそれに次ぐ。ブリ類、ワカメ養殖においては２０００年までよりそれ以後の拡大傾向の方が強い。養殖業全体の生産構造が変容していることが、この図を見ただけでも理解できる。

しかしながら、養殖総生産量は２００2年に１３３万トンを記録してからは、完全に減少傾向に入った。東日本大震災が発生する前年の２０１０年には１１１万トンまで落ち込んでいた。２０１1年は震災による減産が影響して87万トンである。２０１2年に岩手県、宮城県の養殖業の再開により１０４万トンまで回復はしたが、養殖業全体としては減少基調であることはまちがいない。

†各養殖業の今は①――カキ・ノリ・ホタテガイ

それでは、各養殖業は今どうなっているのだろうか。

カキ、ノリ、ホタテガイ、ブリ、ワカメの状況を見てみよう。

カキ養殖業は、他の養殖業ほど大きな変化はなかったが、産地間の位置づけは明確になっている。産地は、北は北海道から西は長崎まで広く分布しているが、生産量の約60～70%を広島県が占めている。広島県で生産されるカキ類は、その4割が他産地ではほとんど生産されていない加工（かんづめ・冷凍・乾燥）向けであり、当県は加工原料の産地としても君臨している。

ところが、カキ類養殖を営む経営体数は、宮城県が広島県の約3倍で最大となっている。そのうえ生産量においても、宮城県は岡山県を抜いて全国第2位となっている。その背景にあるのは、広島県産カキの加熱調理用（圧倒的生産力の優位性）、宮城県産カキの生食用（首都圏への供給基地としての地の利）といった出荷仕向けの差別化である。それを押し出したことが、カキ主産地の競争的な共存を形成しているのだ。

一方、同じ三陸でも、宮城県はむき身生産地帯（共同販売事業で地元のパッカーへ出荷）であり、岩手県は殻付きカキ（おおむね築地市場出荷）が主であり、流通対応がまったく異なる。

生食用は、海域でノロウイルスなどが発生すれば制限される。三陸では近年になるに従って出荷制限の頻度が高まっていた。そのことにより生食用に生産されたカキも加熱用に回されるため、生食用に見合う価格が形成されず、宮城県のカキ養殖業は近年厳しい状況が続いていた。三陸の養殖業は今、東日本大震災の津波被害からの復興・再建真っ最中である。

ノリ養殖業は、人工採苗《さいびょう》と冷凍網とベタ流し養殖技術の開発・普及、摘採《てきさい》から加工仕上げまでの一貫した機械化体系の成立、そして、末端では焼きノリ・味付けノリ市場の形成が進み拡大した。そして70年代後半には、技術革新と大量生産を達成しつつ、主産地が形成されたのである。それは大規模な問屋商業の支配の確立を伴いながら、千葉県や愛知県など、かつての主産県や産地を駆逐《くちく》していくという、激しい展開であった。

そのなかで贈答用の需要に対応して発展した有明海（特に佐賀県・福岡県）は、70年代に製品の銘柄化が確立していく。一方の瀬戸内海（兵庫県を中心に）は、全国的に見ても後発産地であったが、80年代以後のコンビニおにぎり、その他業務用需要に乗じて、生産体制を構築してきた。

こうしてノリ業界では生産面、販売面の革新が繰り返され、生産構造は大きく変貌した。

かつて全国のノリ養殖経営体数は6万を超え、他の養殖を大きく上回る勢力であったが、近年は4000経営体を割っている。

しかしそれでもなお、今日の市場の成熟化と内需減退の中で、価格低迷が著しく、減産と廃業傾向が止まらない。

国内では卸業界、メーカーの寡占化が進んでいるため、海外市場への進出が期待されているが、海外では競争力のある中国産の拡大が著しい。再度生き残りを模索したさまざまな展開が問われているが、漁場の貧栄養化による〝色落ち〟問題など、漁場の崩壊がノリ養殖業界に追い打ちをかけている。

ホタテガイ養殖業は、北海道・青森・三陸を中心に、70年代後半から80年代において、栽培漁業生産とあわせて年間40万トンに及ぶ大規模生産が達成されている。三陸地域が流通距離の利点を生かして関東市場の需要に対応し、それとは逆に北海道噴火湾や青森県陸《む》奥《つ》湾では加工品需要を担って量産体制となっている。

噴火湾におけるホタテガイの一次加工は、「貝毒問題」(ホタテガイに寄生する毒性のプランクトンが発生し、出荷できる期間が短期化する問題)の発生を契機に、80年代以後それに対応したボイル加工処理を中心とする独自の生産体制を形成していた。しかし、90年代に入り、ボイル製品は「増産→価格低下→増産」という悪循環的な過剰生産問題を抱える状態となった。

一部には玉冷《たまれい》（冷凍貝柱）などの仕向の増加という対応策も見られ、市場の間隙を縫《ぬ》って生鮮出荷に乗り出すような差別化対応が見られるものの、北海道オホーツク地区との競合があり、収益力が改善されていないままである。

なお、近年、噴火湾でザラボヤという付着生物が大発生しており、そのことで歩留まりが大きく低下し、噴火湾のホタテガイは減産に追い込まれている。当該養殖業では大量斃死からの再建が何度か果たされたが、ザラボヤの発生は生産者にとって新たな負担となっている。そのようななか、東日本大震災の津波被害も受けて大きく減産した。

†各養殖業の今は②――ブリ・ワカメ

80年代に入ってブリ類養殖業の市場は飽和状態になり、生産量は頭打ちの傾向が続いている。しかし、そうしたなかでも激しい主産地の変動を経験してきた。

2012年は鹿児島県が全国の31%の生産シェアを有し、2位の愛媛県（18%）と3位の大分県（14％）を大きく引き離している。鹿児島県は産地銘柄を確立して、量販店用の大型サイズの産地として発展してきた。そうしたなかで長崎県は中間種苗《しゅびょう》（成魚になる直前の成長段階）の供給に特化し、それを香川県の漁連が生産者に供給する役を担い、その生産者は京阪神の消費地に供給している。

ブリ類は、基本的には過剰供給の状態が慢性化している。それを受けて、2000年以後、アメリカなど海外の寿司需要に対応して輸出する産地（鹿児島県長島〔東町漁協〕）も出てきてはいるが、まだまだ部分的な取り組みである。

そのため経営体の淘汰は今なお続いており、残る経営体の展開も苦しい。養殖経営の課題は、「販売価格を引き上げる努力」と「かかる餌料費を節減すること」であるが、簡単にクリアできない状況が続いているからである。

特に餌料調達においては、「国際的に魚粉価格が高騰している」「近年の水産物の輸出拡大やマグロ養殖の勃興によって生餌《いきえ》価格（冷凍サバ類、冷凍サンマなど）が高騰している」「東日本大震災での原発災害によって北太平洋産のサバ類などが安心・安全の視点から使いづらくなっている」という理由から、課題は大きい。

このようなブリ類養殖の展開に対して、ブリ類養殖産地としての地位を失った愛媛県・

高知県・三重県は、マダイなど他魚種への転換（「ポスト・ハマチ」）を図るなどして産地再編を推し進めた。しかし、ブリ類と同じく過剰供給体制となっているため、養殖経営は厳しく、ブリ類養殖以上に廃業が進んでいる。

ワカメ養殖業では、鳴門《なると》の灰干《はいぼし》ワカメ、島根の板ワカメなど地域特産的なものもあったが、現在ではカットワカメの原料にもなるため、全国的にボイル塩蔵製品の生産が大半を占めるようになった。なかでも、岩手県・宮城県の三陸が主産地となった。三陸には優良な漁場が広がっているからである。

もっとも、近年では国内需要の80％以上を占める輸入品（韓国産・中国産）の攻勢によって国産の裾物は駆逐されつつあり、国内の産地間競争を促している。

その競争の生き残りをかけて、高品質の製品作りが各産地の課題となっている。三陸ワカメに関していえば、ロットの大きい生産力の形成とコスト競争、ならびに全漁連・県漁連・漁協が一体となった産地銘柄ときめ細かな製品規格づくりを通して共販体制構築を図ってきたことが、三陸を絶対的な主産地へと導いた。

こうして従来の干ワカメから、塩蔵ボイル製品、ドライ製品（カットワカメ）などの新製品が開発され需要拡大は進んだが、他方で80年代に韓国、90年代に中国からの輸入が増加したことで、転業・廃業者増につながったのである。

†養殖業の種苗はどうなっているのか

「漁業は不安定だ。これからは養殖業の時代だ」と言う人は少なくない。

漁業が養殖業と比較して不安定なことはたしかである。しかし、漁業との対比における養殖業の安定性というのは、種苗が確実に確保されてからの話である。

魚類のライフサイクルは、成魚→卵→仔魚→稚魚→成魚となっているが、養殖業においてこれらすべてを人工的な生産に完全に依存できているのは、マダイ・ヒラメ・トラフグなどである。

国内最大の魚類養殖であるブリ類養殖では、稚魚（モジャコ）をモジャコ漁という掬《すく》い網漁の供給に頼っているし、クロマグロでは、その稚魚であるヨコワを曳き縄釣りの供給に依存している。カンパチにおいては中国海南島方面で漁獲される稚魚を購入している。ウナギ養殖の種苗は、河川河口域において掬い網などで捕獲されたシラスウナギ（稚魚）である。しかし昨今シラスウナギの捕獲量が激減しており、ウナギ養殖は危機に直面している。

また長崎県や宮崎県では、まき網漁船で漁獲されたマアジやサバ類が網ごと養殖業者に供給されるケースがある。日本海では、大中型まき網漁船で漁獲されたクロマグロが養殖業者に供給されている例がある。これらのケースでは、漁獲された魚が成魚の場合もあるので「養殖物」ではなく「畜養物」と言われることもある。しかし、いけすに入れ、餌料を与えるのでほぼ養殖である。

ウナギやクロマグロにおいて完全養殖に成功したと言われているが、ウナギは実験レベルであるし、クロマグロにおいてもマダイやヒラメなどのような産業化には致っていない。完全養殖は技術的に確立していても、産業としては確立されていないし、されていたとしても部分的になることが多い。

なぜなら、すべてを人工生産するとなれば、孵化《ふか》、仔魚・稚魚の育成、仔魚・稚魚生産のための餌料生産、施設、人員を備えた種苗の生産体制が必要になるからである。もちろん、クロマグロの完全養殖の成功で知られる近畿大学水産研究所のように研究機関が起業し、企業化するという方式はありえる。マダイやクロマグロの他、たくさんの魚種が完全養殖の対象となっている。

だが、高価な養殖魚種であり、漁獲による種苗の確保が難しいものでなければ、稚魚生産に対するインセンティブが働かない。そうしたものは、不安定ではあっても既存の漁業生産に委ねられることになる。

今後は、稚魚の生産技術が向上し、多くの養殖魚種が完全養殖の方向に向かうと思われる。しかしながら、魚類養殖の産業基盤は、自然界における当該資源の再生産力と漁業が組み合わされて存在してきたのである。

他方、藻類養殖においては、胞子《ほうし》を放出させる根株《ねかぶ》を自然から採取することもあるが、種苗生産は人工生産になっていることから、完全養殖になっていると言えよう。だが、貝類養殖は不完全である。

ホタテガイ、カキの稚貝採取は漁業ではないが、自然界から採取している。浮遊する幼生（ラーバ）を自然界から採取し、稚貝を育てている。これら貝類のラーバは、浮遊期を経ると次に岩などに付着するという習性がある。その習性を利用して、自然界で孵化してわいてくるラーバを集約的に生産する技術が開発されたのである。カキでは、付着基盤としてホタテガイの貝殻が使われている。カキは一度付着すると長く付着する。そのことから、ラーバが発生する場所と付着する時期さえわかれば天然採苗が可能である。

カキの天然採苗技術は近世からできあがっていたのである。だが、ホタテガイにおいてはそうは簡単にいかなかった。天然採苗技術が開発されたのは、60年代の青森県平内《ひらない》地区である。ホタテガイのラーバは浮遊期、付着期を経ると底棲《ていせい》生活に入る。数週間の付着期の間に、杉の葉を入れたタマネギ袋を海中の養殖施設に吊《つる》して採取するという方式である。タマネギ袋の網目を抜けて杉の葉に付着したラーバは、自重で付着する力が尽きた時は袋の網目を抜けることができない大きさになっている。

この技術開発の後、古網《ふるあみ》（漁網として使われて廃棄されたナイロン網を束ねたもの）を付着器として採取する方法も開発された。天然採苗技術は漁業ではないが、天然資源を採捕するという意味では漁業と同じである。貝類養殖業は自然界に浮遊する幼生を集約的に採取する技術によって成り立っているのである。

こうした事情から、産業としての成長過程で、養殖業者と産地の分業体制化が進んだ。すなわち種苗産地、種苗生産業者の出現である。多くの養殖業者が種苗生産から成貝出荷を一貫して行うが、生産拡大が進んだことで、養殖業者がそれぞれ自前で種苗を十分に確保できなくなったのである。

†養殖の餌と漁業のつながり

魚類養殖業の話に戻す。

魚類養殖においては、餌料が魚そのものであったり、魚粉《ぎょふん》・魚油を使った飼料だったりする。

たとえば、日本国内では、まき網漁業・沖合底曳網・定置網漁業など、これらの漁業ではマイワシ・サバ類・カタクチイワシ・ウルメイワシ・イカナゴ・サンマなど多獲性魚を大量漁獲する。

大量漁獲されたそれらの資源には、鮮魚や加工製品には適さない小型魚や雑魚も混じる。それらが凍結されて養殖魚用の生餌になったり、それらが原料となってミール工場で魚粉・魚油に精製されたりする。そして、生餌や魚粉・魚油はそれらの資源の水揚げ港から養殖地帯に向かうのである

生餌となるイカナゴ（オオナゴ）は北海道稚内《わっかない》地区から供給され、サバ類・マイワシ・カタクチイワシ・ウルメイワシ・マアジなどにおいては、大中型まき網漁船の大集積地である青森県八戸《はちのへ》地区、宮城県石巻《いしのまき》地区、千葉県銚子《ちょうし》地区、静岡県焼津《やいづ》地区、鳥取県

境港《さかいみなと》地区、九州各大漁港（松浦・佐世保・長崎・唐津など）から供給され、また三陸や北陸などの定置網地帯からも供給される。

魚粉産地においては、マイワシ資源が激減した90年代にミール工場の閉鎖が相次いだため、現在では北海道釧路、広尾《ひろお》、青森県八戸、宮城県石巻、千葉県銚子地区などに限られている。ミール業者によって精製された魚粉・魚油は、ペレットや配合飼料などの原料として飼料メーカーに供給されるが、基本的には不足しているのでアンチョビー（カタクチイワシの一種）から精製された魚粉がペルーから輸入されている。

ところで、国内にはいくつかの魚類養殖地帯がある。ギンザケ養殖が行われている宮城県、マアジとシマアジ養殖が行われている静岡県駿河《するが》湾、九州各県、マダイとブリ類とトラフグ養殖業者が多いのは三重県、和歌山県、四国、九州各県である。

これらの産地に対して、まき網漁船の集積地や定置網漁業地帯から生餌が供給されているということになる。鹿児島の事例ではあるが、中国から生餌（イカナゴ）が輸入されているケースもある。

餌料の需要は、漁獲物の最後の受け皿である。多獲性魚（イワシ・サバ・サンマなどの一度に大量に獲れる魚）がどれだけ豊漁になっても値段がつくのは、養殖業があるからである。売れ残りの魚は、冷蔵庫に余裕がある限り魚問屋が買うし、ミール業者が買う。漁業にとっての養殖業の存在は、魚の価格を支える最後の砦なのである。

「小型魚を大量に漁獲したら、食用に向かわず餌にしかならないので不合理である」という意見が昔からある。

だが、これは漁業サイドから見た意見であって、立場を変えてみれば小型魚を大量に漁獲してくれることで養殖業者は餌料を安く手に入れることができて、ブリやマダイなど高級魚を大衆的な価格で売ることができているのである。マイワシが国内で年間400万トン漁獲されていた時代、養殖業者は優良餌料を廉価で手に入れることができたし、養殖魚の価格も内需拡大の時代において堅調であった。

こうして国内外問わず、養殖業と漁業、または養殖業の産地と多獲性魚の産地は「餌」を通してつながっている。養殖業の産業構造を見る場合、この関係を外せない。

しかし、この関係は生餌価格の推移により変わる。養殖業の餌料コストは全コストの6～7割と言われている。生餌には、まき網漁業によって漁獲されるカタクチイワシや沖合底曳網で漁獲されているイカナゴなど「最初から餌料仕向けになる魚種」と、マイワシ・サバ類・サンマなど「サイズ選別後に餌料仕向けになる魚種」がある。だが、これらはあくまで養殖業者の仕入れ希望価格に沿って、餌料用魚の産地価格が形成されていた。

しかしながら、２００６年からの多獲性魚（主に餌料向きだった小型魚）の輸出の急拡大と、東日本大震災による北太平洋産の資源が避けられたことで、生餌価格が上昇したのである。つまり、養殖業以外の需要からの引き合いが強くなったのだ。

また成長真っ盛りのクロマグロ養殖業界が、サバ類を高価に仕入れるということも影響している。さらには世界で養殖業が勃興していることから魚粉価格も上昇しており、飼料価格も慢性的に上昇しだした。

現在、魚類養殖業では、生餌のみの利用から、ＭＰ（モイストペレット：生餌と魚粉・魚油を混ぜ合わせ成形した半生固形ペレット）、ＤＰ（ドライペレット：魚粉を乾燥させ成形した固形ペレット）、そしてＥＰ（エクストルーダーペレット：栄養分を細かく調整し高温高圧機で成形した乾燥固形タイプのペレット）へと餌料を転換し、品質向上と給餌効率の向上に対応している。こうした配合飼料への転換により安心安全体制が追求され、それと同時に生餌の需給に左右されない方向が模索されている。

しかし、配合飼料とはいえ、その原料資源は「魚」である。つまり漁業が維持されない限り、養殖業も維持されないのだ。

他方、養殖業が拡大すると、魚病《ぎょびょう》の問題が必ずと言って良いほど浮上する。魚病が漁場内に蔓延《まんえん》して死滅することもある。

今日では、先で触れたように食の安全性を踏まえた魚病対策がかなり進み、改善されている。だが、魚病発生のリスクは完全にはなくならない。2012年10月以後、東南アジアで、病に強いといわれて導入された南米原産のバナメイエビが「早期死亡症候群」の発生により大量死している。この問題は、国境を跨《また》ぎエビ生産国に広がった。日本のエビマーケットにも直撃している。

†協業化、企業化の流れ

産業が成熟してくると、企業合同や合併が進む。進まなければ政府が強引に推し進めることもある。漁業分野では、漁協合併促進法という法の下で促進された「漁協合併」がそれにあたる。養殖業においては、「協業化」や「企業化」という方向性が模索されてきた。養殖経営が厳しくなるなか、ずいぶん昔から行政サイドもこの方策を推進しようとしてきたが、根拠法はなく、あくまで任意によるものであった。

協業化が進んだ例としてはノリ養殖業がある。ノリ養殖業では、大型の自動製造機械を導入して、設備の共同利用による協業化が図られた。いわば「ノリの製造プロセスの集約化」である。ただし、そのような協業化は、佐賀県有明海地区、兵庫県神戸市垂水《たるみ》地区・明石市林崎《はやしさき》地区など漁協の指導力が強かった地区で実現しており、その他の地区ではまばらな存在になっている。

東日本大震災からの復興でも、岩手県や宮城県において協業体が各養殖業で結成されたが、その多くが漁船と設備が不足するなかでの臨時の対応であり、漁船と設備が揃えば発展的解消をする予定である（もちろん、なかには協業化をそのまま続けようとする取り組みもある）。

養殖業の協業化が進まない理由は簡単である。漁業と同じで、養殖業自体が漁業者の腕や才覚に立脚しているからである。同じ養殖業であっても、考え方が違えば、養殖方法が異なる。「手間をかけて高い品質の養殖物を揃える」という業者もいれば、「手間をかけるよりも大量生産で利鞘《りざや》を稼ぐ」という業者もいる。

この考え方の違いで、魚への「餌」の与え方が変わる。貝殻に付着する付着生物の掃除の頻度や仕方も変わる。また間引きの頻度も変わる。協業化は、こうした養殖に対する考え方を統一しない限り、陸上施設の共同利用など部分的な協業に止まるのである。

次に、企業化はどうなのかである。何をもって「企業」と判断するのかがまず難しい。正規雇用があるか、法人化しているか、など尺度はいくつかあるが、この点はおそらく経営の近代化という意味で「企業化」が使われていたのであろう。もっとわかりやすく言えば、「どんぶり勘定」からの脱却ということである。

ちなみに、会社法人として営まれている例は少なくない。魚類養殖地帯に行けば、会社法人にしている養殖経営体をよく見る。宮城県でも、ギンザケ養殖・ホタテガイ養殖・ワカメ養殖・カキ養殖業を営む会社法人が昔から存在していた。漁民個人が設立した法人である。

これらの法人事例について調べてみると、おおむね税金対策として法人化が図られたと言える。たしかに、養殖規模が拡大すると、年間の事業所得（売上−支出）が数千万円単位になる。もちろん景気が良かったときの話ではあるが、そうなると個人事業体ならば所得税が累進課税方式で高くなるし、欠損が出た場合も繰越計上できない。

それを法人にすれば、所得税率は一定であるし（しかも中小企業なら税率は低い）、青色申告した事業年度の欠損なら、次年度以後に損金算入でき繰越控除の対象となる。法人経営にしておけば後継者への漁業資産の遺産相続の手間も省かれ、金融機関からの社会的信用度も少なからず上がる、という側面もある。

このように漁家経営から法人経営への発展は、税務対策という側面が強かった。しかし、企業化し、法人経営したとはいえ、漁業行使権は個人名義のままであるし、経営のあり方は、オーナーと従事者が未分離（家族で経営し家族で働く）である個人事業体の延長であり、特に経営資源を集約化して競争力を確保しているわけではない。

あくまで、この段階で企業化という用語の意味に込められているのは、「生産者の経営者意識の向上」ということである。つまり「無駄な投資をしない」「借入や買掛金の支払いを遅延・延滞しない」「換金出荷をしない」「しっかりと資本を蓄積する」などといった意識の問題だ。

養殖経営には、稚魚の購入、餌料の購入、そして出荷販売が、外部との重要な取引としてある。これらを漁協で一括して賄っているケースもあれば、流通業者から稚魚・餌料を供給され養殖物の販売で代金を返済するというケースもある。

前者の場合、漁協の指導力が問われるが、その状況は漁協によりさまざまである。なかには不振経営体が多く、不良債権が漁協に蓄積しているケースも少なくない。後者の場合、養殖経営体がインテグレート（系列下）されているレベルから小作人化しているレベルまである。その場合でも、不良債権が漁協に残るというケースもある。

他方、国内の養殖業に対して、地域外の資本が参入した事例も少なくない。大企業出資の子会社の参入は、九州、四国各県の養殖地帯に相次いだ。ブリ類、マダイそしてクロマグロ養殖である。

これまで参入した事業者のなかには、地元との協議に時間を要した例もあれば円滑に進んだ例もある。漁業者や漁場利用のことをよく理解している事業者なら、近隣漁業者や漁協との交渉努力を怠《おこた》らないし、そのような者なら円滑に参入が進むようである。

だがそうでない事業者は、漁協の慣行に忌避《きひ》反応を起こし、自己実現が達成できないことを安易に現行制度の責任にしがちである。よくある規制緩和論は、それらの業者の不満を代弁したものである。

†養殖業の発展と陥穽と未来

養殖業の発展には落とし穴がある。

養殖業が拡大すればするほど、種苗の需要が拡大し、そのために種苗価格が高騰し、養殖物の低価格化が進むということである。また餌料単価も高騰する。

さて、日本近海のクロマグロの資源減少が著しくなっている。国際漁業管理機関である「中西部太平洋マグロ類委員会」（ＷＣＰＦＣ）でも、クロマグロの資源保全の国際体制のあり方の議論が２０１０年から本格化していた。

日本ではクロマグロ養殖の拡大と資源減少を背景に、２０１２年10月末からクロマグロの天然種苗をもちいた養殖のいけすの数が制限されることになった。他国への交渉力を高めるためには、自国の引き締めが必要だからである。漁業法に基づいた農林水産大臣指示で、制限をかけたのである。これはある意味、快挙である。

ただし、この指示では人工種苗をもちいた養殖のいけすの増設は制限外になっている。天然資源の保全がこの指示の目的だからである。だが、現状では人工種苗の数量は現在のところ限定的である。そのことから、いけすの制限は、資源保全のためだけではなく、しばらくの間は「単価下落→さらなる規模拡大」といった過当競争状態を未然に防ぐことになる。

問題は、完全養殖の技術が向上し、マダイ養殖業のように人工種苗による生産量が拡大すると、クロマグロの大衆化がより進み、養殖経営が厳しくなる可能性があるということだ。ほとんどの養殖対象種が、供給過剰となり中高級商材から大衆商材へと移り変わったのと同じことだ。

養殖技術の発展は、科学的発展、産業の発展としては歓迎すべきことではあるが、以上のような産業発展の限界に鑑みると、諸手《もろて》を挙げて喜べないこともある。それゆえ、今後の養殖業を考えるときは、技術論と管理論の両面から接近する必要がある。

既存の養殖業が全面的に縮小再編に向かうなかで、いくつかの成長株があった。クロマグロ養殖がその筆頭であったが、三陸において行われているホヤ養殖も堅調であった。韓国への輸出の拡大が、ホヤ養殖の活況をもたらしていたのである。

以上のような統計でも確認できるメジャーな養殖の他に、高級魚の養殖が各地で試されている。たとえば、南方系の高級魚としてはハタ・クエ・スマ（マグロの一種）、北方系の魚としてはホシガレイ・マツカワなどがある。岩手県広田《ひろた》湾ではエゾイシカゲガイという高級貝の養殖が行われている。取り上げるときりがない。

だが、今後の新たな養殖ビジネスの開発のあり方は、二極化すると思われる。

一つは、エゾイシカゲガイなどに見られるように「漁民でも開発できる新養殖」であり、もう一つはクロマグロのような「資本と技術がなければ開発できない新養殖」である。

前者の場合は、漁協の青年部の研究活動を通して行政や水産試験場のサポートで実現されたり、中小企業の企業家などとの連携によっても実現されたりするであろう。いずれにしても、漁村振興対策としての開発になり、漁民の熱意が最大の問題となる。

後者の場合は、潤沢な開発予算を元手にして、産官学の連携による大型プロジェクトによって進められる開発である。完全養殖の確立のために、最新の種苗生産技術が動員され、ときには遺伝子組み換えや借り腹技術などが応用されることも考えられるが、この手のプロジェクトが海面養殖において事業化できた事例が国内には少ない。

養殖ビジネスの未来は、こうした開発主体のあり方も含めて考えて行かなくてはならないのだ。

第6章

叩かれすぎた漁協とそのあり方

†マスコミに嫌われる漁協

漁業協同組合と聞けば何をイメージするのだろうか。

マスコミ報道から判断すると、「漁業権を既得権益にして、漁民あるいは開発業者から稼ぎの一部を巻き上げている団体」ということになろうか。

新保守系の政治家もマスコミも、90年代の行財政改革以来、「既得権益」攻撃がムーブメントであり、それが一つの「型」である。小さな政府を目指す彼らの「型」は、官営組織なら公益事業であっても民営化、保護されているものなら何でも市場開放である。

こうしてマスコミ報道に毒される大衆の代弁者を振る舞えば「票」を集めることができるし、財政当局にも好かれる。とにかく、あらゆる者を市場にひれ伏せさせれば、「票」という市場を手中に収めることができる。

彼らの立ち位置からは、漁協や漁業権が経済発展を阻害する「既得権益で固められた岩《がん》盤《ばん》」のように見えるのもしかたない。海は漁民のものでも、漁協のものでもないのに、海の利用を牛耳《ぎゅうじ》っているように見えるし、沿岸域を開発しようとすれば当然のように補償金をむしり取ろうとする。

原発推進のビジネス雑誌も吠える。「なんとしてもこれらの漁業権を開放すべきだ」と。これに便乗して市場万能主義者や専門家らしき人たちも後押しする。こうして漁協攻撃は政治、マスコミ、専門性を偽装する識者の三位一体による強烈な共同作業となっている。

だが、おそらく彼らは「漁協がどのように形成されてきたか」「どのような法律で運用されているのか」「組織運営がどうなっているのか」、その本質なんてまったく知りえないだろう。いや知る必要などまったくない。底の浅い議論が横行することの危機感さえも欠落している今日のメディア界にとって、そのようなことはどうでもよいのである。個々の問題を論《あげつら》い、定型的な論法にはめて、世論に性悪説を植えつけさえすればそれで良いのである。そのあとには必ず素人受けする無責任な改革論がまっている。

とはいえ、この攻撃の的となっている漁協や漁業権には誤解されやすい側面があるのはたしかである。ここでは錯綜《さくそう》している今の漁協について、からまった紐《ひも》を解くような議論をしたい。

†漁協の動向と農協との比較

制度上、漁協は「地区漁協」と「業種別漁協」に分けられ、地区漁協はさらに「沿海地区漁協」と「内水面漁協」に分けられる。ここでは沿海地区漁協のことを漁協と呼ぶことにする。

現在の漁協は、明治期からあった「漁業組合」から引き継がれている。漁業組合は、明治期に国家への漁業の編入を進めるために設立されたが、実態的には漁業権の管理など漁業調整を担う役割を果たしてきた。

そのような漁業組合から経済事業団体としての「漁業協同組合」に制度的に移行できるようになったのは1933年であるが、今日の漁業協同組合のスタートは、農地解放など戦後の民主化政策の中の一環として進められた水産業協同組合法の成立（1948年）以後のことである。

当初、漁協の数は3507にのぼった。しかし、その零細性ゆえに事業基盤が弱いため、政府は「農林漁業組合再建整備法」（1951年）などで経営健全化を図ろうとする。だが、状況は改善されず、1960年に「漁業協同組合整備促進法」が成立し、法制度名を変えながら今日まで合併促進が図られてきた。

その後、不振漁協の統廃合や広域合併が進められて、2012年3月時点で漁協数は戦後の3分の1以下の1000になった。「漁協合併促進法」では、2008年3月末までに漁協数は250にすることを政策目標としたが、まったく届かなかった。

総合農協（以下、農協）は、戦後1万以上設立されたが、農政の力で合併を推し進めて今日まで723になっている。1農協の平均組合員数は1万人を超える。漁協は230人である。また農協の組合員数は今なお増え続けている。正組合員こそ減少しているが、准組合員が増加しているからである。

多くの農協は、職能組合（産業別団体）よりも地域組合としての性格を強めてきた。それによって、暮らしに根ざした事業や農業外事業への融資を展開し、非農民である准組合員の事業利用が拡大できたのである。つまり、農民という組合員の事業利用に大きく左右されない経営構造を構築してきたのだ。

その意味で、農協は漁協と比較すると経済合理性を追求でき、事業体としてもかなり大きい。職員10人未満の農協は存在していないのである。

2011年時点でわかっている範囲でも、職員がいないか、職員3人未満の漁協があわせて282ある。10人未満の漁協の数は全体の65%以上を占める。農協と比較する対象にすらなっていない。

農協とは違い、漁協の組合員数は減少し続けている。正組合員も准組合員も、である。その漁協の数が、漁協の約30倍の組合員を有する農協より多いのだから、漁協の集約化がいかに難しかったか、理解できよう。

農協（JA）は、上部の系統団体も含めて、商社（全農）であり、小売業（A－COOP）であり、銀行（JAバンク）であり、保険会社（JA共済）などと表現されることがある。農民に依存しなくても事業展開できる自立経営が確立してきたからである。それを理由に、財界から政界へと、分離・分割の議論が促されてきた。

他方、漁協は、同じ名称の事業をやっていても漁民や漁村住民相手の事業が主を占めている。なかには自営定置網漁業・直売所・レストラン・遊漁《ゆうぎょ》案内など自営事業も実施しているケースがあるが、事業規模としては農協の足下にもおよばない。

もちろん大漁港にある銚子《ちょうし》漁協、気仙沼《けせんぬま》漁協、釧路漁協など、産地卸売市場として県内外の多くの漁船を受け入れている漁協が、員外利用によって確固たる事業基盤を形成していることもある。しかし、これをとっても利用者は漁業者である。

こうした状況にもかかわらず、ときおり、農協批判の論法がそのまま使われることがある。的外れも甚だしい。

†協同組合としての漁協の実情

漁協は水産業協同組合法（水協法）に基づいて、漁民が出資して設立する「協同組合法人」である。

協同組合法人とは、組合員の相互扶助の精神に基づいて組織される非営利法人（NPO）であり、会社法に基づく営利法人とは大きく異なる。その目的は「漁民及び水産加工業者の協同組織の発達を促進し、もってその経済的社会的地位の向上と水産業の生産力の増進とを図り、国民経済の発展を期すること」（水協法第1条）である。

漁民個人の立場に立っていえば、事業の利用が出資の目的なのである。だから、漁協では、彼らの暮らしや仕事に奉仕するための事業が行われる。

そもそも、協同組合は、事業利用のために同じ目的をもった人たちが結合して組織されるものである。漁協も同様に、経済的弱者の漁民にとって必要な事業が開発されてきたのである。

もちろんそれは相互扶助を基本としていて、漁民の利益のためならなんでもやるというわけではない。「水産業協同組合法」という、漁協などの活動を定めた法律に制限列挙されている内容に則した範囲内の事業に限られる。

実施可能な事業を見ると、「信用事業」（資金の貸し付けと貯金の受け入れを行う）、「販売事業」（組合員の漁獲物を販売する）、「購買事業」（暮らしや仕事に必要な物資を組合員に供給する）、「加工事業」（漁獲物を加工する）、「利用事業」（組合員が必要な共同利用施設を提供する）、「共済事業」（共済商品を供給する）、そして「指導事業」（組合員の経営指導などを行う）など、である。これらの事業項目は、漁業と農業の違いはあれども、農協で実施されている事業項目と同じである。

しかし、農協とは事業のバランスがまったく異なる。農協では信用事業と共済事業を核に経営基盤がつくられてきたが、漁協では経済事業（販売事業や購買事業などの総称）が経済基盤となったからだ。

経済事業のなかでも特に大きいのが、販売事業である。なかには経済事業を行わない零細漁協もあるが、販売事業を実施する漁協は8割近い。販売事業は、組合員の生産物を「受託して販売する方式」と「買い取り販売方式」があるが、後者はリスクが大きいことから、販売事業を行う漁協は受託販売がほとんどを占める。購買事業では石油類、資材類、生活物資が組合員に供給されているが、取扱高は販売事業の10分の1である。

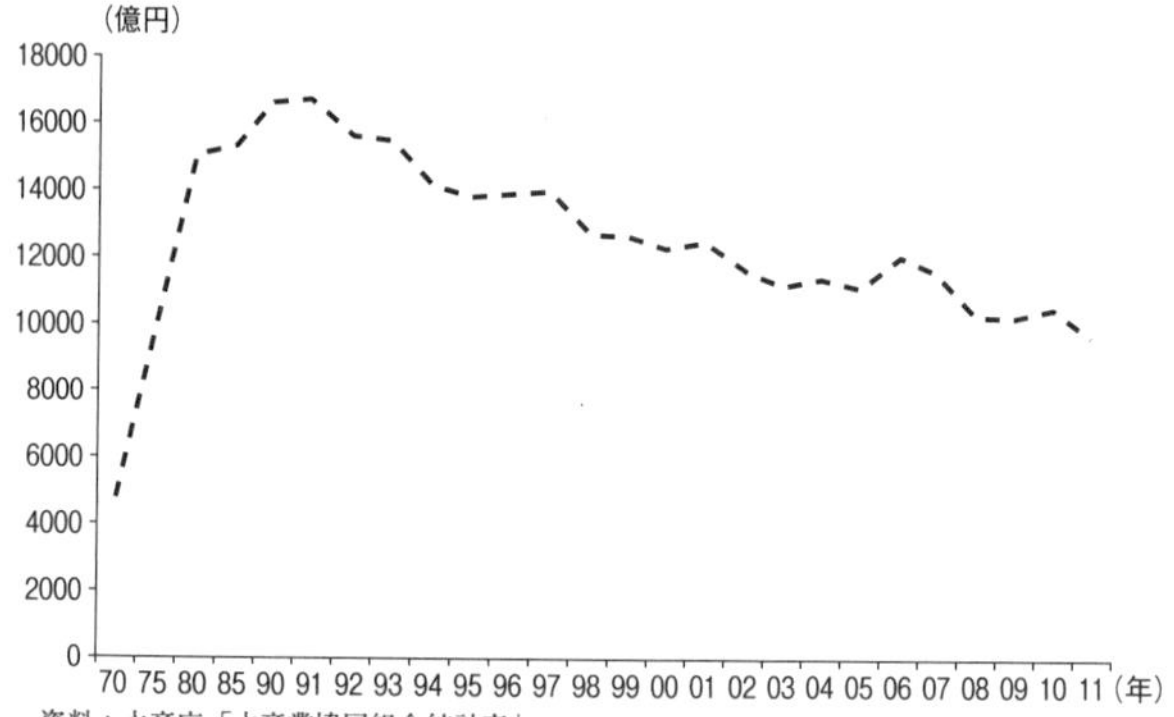

資料：水産庁「水産業協同組合統計表」

図20　全国の漁協の販売事業の推移

そこで、販売事業の推移を見てみよう（図20）。これは水産庁が行っている調査に基づいて作成したグラフである。販売事業の取扱高は、バブル期までは順調に伸びて1・6兆円を超えたが、90年代から転がり落ちる。この調査によると2011年に1兆円を割った。その理由は第2章で触れた通りである。

問題は漁協の事業利益の赤字が常態化してきたことである。合理化、合併などの対策が打たれるものの、販売事業の落ち込みが激しく、改善されない。

このことが漁協の危機を招くことになるが、それについては後述する。

†漁協と農協は何が違うか

漁協は法制度上において農協と決定的に違う点がある。「漁協は経済事業団体であると同時に漁場管理団体である」という点だ。これが戦前の漁業組合から継承されてきた、漁協という団体の性格である。

許可漁業は主に沖合・遠洋漁業であるのに対して、漁業権漁業は沿岸域で営まれる。とくに漁協は漁業権を管理する任務を持つところに特徴がある。そこで漁業権について概観しておこう。

漁業権は、その適格者に行政庁から免許されるものである。ただし、漁業権の免許方式は、漁協が被免許者になる「組合管理漁業権」と、漁業経営者が被免許権者になる「経営者免許漁業権」とに分類されている。

まずは組合管理漁業権についてみておこう。これは漁協に免許された一つの漁業権を、漁協に属する組合員らに「漁業行使権」として再配分される仕組みになっている。具体的には、「共同漁業権」（小規模漁業を行う漁業権）、「特定区画漁業権」（養殖漁場をさらに漁民で区分して養殖業を行う漁業権）という二つの権利がある。

これらの権利に該当する漁業種・養殖業種は、漁協の構成員である組合員らの自主的な運営のもとで営まれる。漁場は漁協の管轄内であり、そこにはさまざまな漁業種がある。だが、高度経済成長期以後に開発された養殖業を除けば、ほとんどが近世江戸時代に開発された漁業であり、その時代から共同管理されてきたのである。その共同管理を権利として受け継いだのが組合管理漁業権である。

これは法制度上では、権利の主体が被免許者である漁協のように捉えられがちである。だが、制度上の解釈はともあれ、慣習に照らし合わせてみれば、権利の主体は漁民らである。免許申請では、漁協は漁業権の行使規則を作成して行政庁に提出するが、それは関係する漁民の合意形成の元で作成されるのだ。

また、漁業行使権の配分をどうするかは漁協の職員が立ち入らず、集落ごとに形成されている漁民集団の自治（部会・組合・実行組合・地先管理組合など）の中で決められている。個別事情も考慮しながら、集落が保全されるように漁民間で調整し、「誰にどの業種を営ませるか」が決められているからである。

海の利用をめぐる秩序形成、ルールづくりも、同様である。そしてそれが漁民の暮らす前浜《まえはま》（漁村の目の前）の海を守ってきた。組合管理漁業権は、こうしたボトムアップによって運用されてきたのである。

これが、漁協が漁場管理団体と呼ばれてきたわけであり、権利の主体が漁民であるというわけである。そのことを漁業法と水産業協同組合法が尊重し、担保してきたのである。その歴史的展開は後述する。

もう一つの経営者免許漁業権は、定置網漁業を営むための「定置漁業権」と、真珠養殖や海面を囲い込んで行う養殖業を営むための「区画漁業権」がある。

これらの漁業・養殖業が直接免許になっている理由は、歴史的経過から説明する必要がある。だが、端的に言えば、「営むにはまとまった資本と高度な技術が必要であるうえ、広範囲の漁場を排他的に利用するから」である。また地域に与える影響力が強い漁業であるため、技術や経営能力を持つだけでなく、周辺の漁業者とトラブルを起こさないような協調性のある経営者に免許されることになっている。

定置漁業権の免許は、免許申請者が複数となり競願《きょうがん》になった場合を想定して、経験者優先、地元優先のうえで、より多くの地元漁民が参画した組織に与えられることになっている。資本と技術、そして地元との協調性において優れた集団が優先されるのだ。そのため、漁協が自営事業として定置網漁業を実施しようとすると、それが最優先される。漁協は地元の漁民の出資により運営されているからである。

制度上では、あくまで漁協が優先的に免許されることになっているが、全国を見渡すと、漁協が単独で被免許者になっているケースはそう多くない。むしろ、その他の形態の方が断然多い。

その他とは、近世江戸時代から「村張《むらば》り」（一村共同）で営まれている共同経営、漁協と漁民との共同経営、漁協と民間企業との共同経営、地元漁民が設立した会社法人や水産業協同組合法上で定められている漁業生産組合などさまざまである。定置網漁業はその集団に資本や協調性が備わっていたとしても、技術がなければすぐに経営破綻する。それゆえ、さまざまな経営形態が存在するのだ。

こうした漁業権は、ただ産業振興のためにあるためではなく、漁場利用のあり方と漁村の地域経済のあり方を問うているものだ。漁村の地域経済が繁栄するためには、地元の自然環境に根ざした技術と経営を最良として、さらに漁場の生産力を最大限に導き出すには紛争を誘発させてはならないとしているのである。

漁民が好き勝手に操業すると漁場はすぐに荒れる。だから制度的にも実態的にも、権利を得る漁民に対しては、漁場利用のルールづくりに参加することや協調性が求められるのである。

ここまでくれば理解できたかと思うが、漁業権は、単なる「権利」ではなく、紛争防止と漁場の生産力維持を果たす「責任」が伴った「権利」なのである。責任はローカル・ルールとして現れている。そして海の上ではそのルールを基準に互いに監視し合う「とも詮《せん》議《ぎ》」という原理が働く。その原理が権利・責任を一体のものにする。

こうした海の上にある漁場利用制度は、長い歴史の中でぶつかり合うことで積み上げられてきた、お金では買えない、尊い存在であり、社会的な共通資本なのである。

漁業権は漁民の生存権として与えられてきた権利であるが、単なる生存権ではない。海と地域社会を守るために漁民らが築き上げてきたローカル・ルールと表裏一体にある権利である。そのことをまったく踏まえない漁協バッシングが横行しているのだから悲惨である。

†漁場管理による共益・公益

漁協は漁業権の管理だけをしているのではない。組合員が行う漁業を支えるために、漁場を守らなくてはならず、その他の管理や業務、あるいは行政・他の漁協との協調を図らざるをえないのだ。

組合員の漁場利用は、管轄の水域ならば問題が生じても漁協内部の調整によって対応できるが、他の漁協との境界線上や入会《いりあい》海域（複数地域の漁民が入り会って利用している海域）、あるいは他漁協の管轄海面への入漁は、漁協間で連絡や調整を担わなければならない。突発的な事故や漁具の破損などの漁場でのトラブルがあった場合は、漁協が情報収集を行わなければならない。

沿岸漁業は沖合漁業との紛争が絶えない。優良漁場は沿岸に近いため、沖合底曳網漁船やまき網漁船は、漁協の管轄水域に近づいて操業することも多いからだ。そのため、漁場監視を実施している漁協もある。漁協内にレーダーを設置しているところもある。

海難事故が起こった場合、漁協の組合員が助け合うルールがある。そのルールは単なるシーマンシップ（船員の職業倫理）というだけでなく、部会の中で書面化されているケースもある。また海難事故時に必要な資金を、基金として積み立てているケースもある。漁民が安心して操業を行えるのは、こうした相互扶助の関係を集落や漁協を通してつくってきたからである。

漁場の環境や資源を保全する活動も行われている。沿岸域や河川などで開発行為や火力・原子力発電所が立地すると、漁場環境は変動する。

都市部の工場排水や生活排水の増加とともに海が富栄養化状態となり、赤潮の発生頻度が高くなる。干潟にはヘドロが堆積する。また埋め立て造成が行われると潮の流れが変わる。海砂利（建築資源になる）が大量に採取されたり、河口堰の建設や護岸工事が行われたりすると、生態系に悪影響を及ぼす。幼稚魚の生育環境が失われることも多々ある。発電所から温排水が海に注がれると、周辺海域の海水温が変化する。

こうなると、それまでに形成されていた漁場が変化する。ときには漁場が壊れ、漁業が成り立たなくなることもある。つまり海洋開発は、海で生計を立ててきた漁民にとっては生活を脅かす行為なのである。

それゆえ漁協は、組織的にこの海洋開発や河川開発を見張る必要がある。情報収集もしなくてはならない。開発が行われる場合は、開発サイドとの調整およびそれに伴う補償の交渉を漁協が行わなければならない。開発が近場なら開発行政から打診があるが、開発が遠隔地でありながら影響を受けた場合や、船舶の座礁《ざしょう》などで重油の流出があれば賠償交渉をしなくてはならない。重油流出があった場合には、その回収の手配もしなくてはならないのである。

補償交渉や賠償交渉は漁業権と絡めたものと思われがちであるが、それは漁業権を消滅させるときだけに関係する。自由漁業であっても許可漁業であっても、開発や重油流出などによる漁業への悪影響は民法上の権利の侵害に当たる。そのため、既得権としての漁業権とは関係なく、あくまで漁場管理団体として、漁民の生存権の侵害に対して行っているのである。

こうした開発への対応だけでなく、漁協は資源管理も行わなくてはならない。漁民が行う資源管理については第4章で述べたが、漁協もそれに積極的に関わっている。水揚げ記録はもちろんのこと、水揚げ物の計測などを行っているケースもある。進んでいるところでは、独自の調査船を所有し、資源観測をしているところもあるが、多くは水産試験場との連携により資源管理のサポートをしている。

他方で、密漁監視も行う。たとえば、アワビ・サザエ・ウニなどの磯根《いそね》資源の密漁監視である。これらは共同漁業権第一種に定められる資源であり、各漁村集落にとってもっとも重要な資源である。高価であるだけでなく、操業制限や漁具制限を厳しくして、近世からずっと守り続けてきたのだ。

だが、これらの資源を根こそぎ獲ろうとする密漁組織がいる。彼らの密漁は高度化しており、沖合にボートを停泊させ、アクアラングでエントリーして、磯場の資源を獲るという。現行犯でしか検挙できないため、密漁の防止はとにかく監視しかない。集落の漁民ができるだけ目を光らせて自主的に監視を行うケースもあるが、漁協で予算を組んで監視業務を漁民に外注しているケースもある。それゆえ、レジャーダイビングとのトラブルも多い。

その他にも海や自然に関わる活動がある。「磯掃除」（磯焼けの原因となっている石灰藻の掃除）、「植林事業」（森づくりの事業）など環境再生を漁協の事業として行ったり、漁民らの活動を支えたりしている。

それだけではない。アワビ・ウニなどの種苗の生産事業や、サケの孵化放流事業を実施したり、サザエ・アサリ・ナマコ・ヒラメ・マダイなどの稚貝・稚魚を県域の栽培センターから購入し、放流している。

こうした放流事業や資源培養の対策については経済的効果から賛否あるが、日本の沿岸漁業の生産力はこれで維持してきた部分は少なくない。特にサケ・ホタテガイについては、両魚種併せて沿岸漁業生産量の40％前後に至り、漁協などが取り組む栽培行為あっての産業になっている。

漁場管理団体としての漁協は、組合員の「共益」のために存在しているのだが、それは結果的に海を守り「公益」につながることも少なくないのだ。

†地域開発と漁協の関わり

ただし、多くの人がひっかかるのは、地域開発や電源立地を受け入れた場合である。その開発が新たな公益につながることもあろうが、補償金や迷惑料ほしさに漁協が海を切り売りしたようにも見えてしまうからである。

漁業を後世にまで継承したいと考える組合員は、必ず開発に反対する。そしてそうでない推進派とで漁協は分裂してしまい、反対派の勢力が弱いと漁協が開発の推進派になってしまう。また時間経過と共に、反対派が切り崩される傾向にある。

そうした漁協の多数決原理で開発が進むことに、疑問を抱く人は多いであろう。「海は漁協だけのものではない。なのに、なぜ漁協の合意で開発が進められるのか」と。そして漁協には補償金などがもたらされるが、住民が親しむ景観や自然に対する環境権、つまり計ることのできない地域住民の「公益」が、漁協の合意によって蔑《ないがし》ろにさせられるのである。

つまり、漁協の存在は、「環境を守る」「公益を維持する」といった機能を持っているものの、組織内の合意形成次第で、原発立地や沿岸域開発を受け入れる存在にひっくり返るのである。

だが、利害関係だけにこだわって、このことを「善」「悪」で捉えることは大変危険である。開発の大義名分は「国益」（国益とは何かが問われなければならないが）である。「国益」を重要視する人たちから「国益」に背《そむ》くと「悪」（非協力的な団体）とされ、「国益」を受け入れると景観・環境に立脚した地元の「公益」を重要視する人たちからは「悪」（開発を防ぐ盾にならず、自然を切り売りする存在）とされるからである。

しかも補償金を強く要求すると、どちらからも「ごね得」とレッテル貼りまでされる。どう転んでも漁協の「性悪説」は流布される運命にある。そして漁協はスケープゴート（身代わり）となり、その存在まで疑われることになる。

このことは漁協に限らず、国益に背く経済的弱者やその集団をより弱い立場に追い込む、あるいは経済的弱者を地域に編入させて分断する、という「経済発展に偏重した国土開発政策」の弊害として見なければならない。

†漁協の危機とそのガバナンスの難しさ

このように、漁協はその内外から強い批判をあびるようになっている。外部からは「漁業権を独占し、それを既得権益にして金を稼ぐ組織」であり、内部からは「運営を怠り、組合員に奉仕しないにもかかわらず、経済負担ばかり組合員に求め、自己防衛ばかりを図っている組織」と批判されている。このような漁協に対する内外の批判が、マスコミを介して近年共鳴している。

たしかに漁協運営は厳しい状況が続き、さまざまな問題を抱えている。しかも、それは個々のものとして捉えきれない「漁協運営全体の構造的ひずみ」から生じており、理解するのは大変難しい。

そこで、漁協運営の全体像を確認しておこう。

先に触れたように、漁協は、漁場管理団体であり経済事業体である。こうした二つの団体特性のうえに、さらに行政代行の機能が加わる。行政代行とは、漁業者に代わって行政に手続きする業務や、逆に行政に代わって漁業者にサービスを提供する業務のことであり、意外とその業務は多い。

たとえば、漁船登録の手続き、漁場計画や漁業権免許に関わる手続き、行政が集計している各種統計関連業務、許可申請に関わる手続き、漁港整備・修繕関連業務、行政庁が募集する各種公募の申請手続きなど、行政代行の業務は数え切れないほどある。これらの多くは単なる事務手続きだけでなく、組合員の意見を集約し、合意形成しなければならないものも多い。

こうした行政代行や漁場管理に関わる業務は、言うまでもなく収益を生む業務ではない。指導事業も同様である。これらの業務では、漁民の間に入ったり、漁民と行政の間に入って進めなければならない。常に漁民と向き合うことのできる職員が必要なのである。沿岸漁業はこの業務に支えられているといっても過言ではない。あるいは、この業務が組合員を漁協の事業に引きつけていると言っても良いであろう。

またその見返りとして、組合員は漁協に指導賦課金などを支払う。経済事業を行っていない漁協では、指導賦課金や漁業権行使料で人件費を賄《まかな》っている。だが、経済事業を行っている地域では、多くの場合がそれらは事務費の範囲であり、それで人件費が賄われているわけではない。人件費などの管理費を支えるのは収益事業であり、特に販売事業なのである。

ところが、先にも触れたように収益源の販売事業が続落している。そのことで、漁協は事業利益が低迷あるいは赤字化し、苦しい状況が形成されてきた。

漁協経営が厳しくなると、増資、販売手数料率の改定、指導賦課金の徴収が行われる。漁協の経営維持を図るためである。だが、それでも厳しくなるケースが多く、その場合、漁協は管理費を節減しなくてはならないようになり、人員削減や出張所の閉鎖などの合理化を進めざるを得なくなる。

そうすることによって事業利益をカバーできれば良いのだが、近年では魚価安や不漁が続く傾向にあるため、より販売事業の取扱高が落ち込む傾向にある。また燃油高になると出漁を控える漁業者が増えるため、購買事業の取扱高も減少する。そうなると漁協経営がさらに厳しくなり、また組合員に漁協を支えるための経済負担を課すことになる。こうしている間に、事業による組合員への奉仕が弱まってくる。

こうした悪循環の中で「漁協経営の合理化」が進められることで、非収益部門の業務からマンパワーが削られるのが、協同組合にとっての最大の悲劇である。先にも触れたが、非収益部門は組合員の事業利用を活発化させる業務だからである。

†漁協組織のあり方を問いなおす

漁協の運営機関は、事務組織の上に立つ理事会である。組合長やその他の役員は、組合員から選出されたメンバーであり、漁協運営の責任者である。それゆえ、組合員の期待に応えなくてはならないし、リーダーシップをとれる人材が求められる。もちろん、組合員に対する信頼関係を構築して、ときには組合員を説得し、まとめる力が求められる。

事務組織の幹部は、行政対応、販売、購買、信用、共済など、各種事業の職能を備えた人材である。事務方のトップである参事《さんじ》は、事務組織の事実上の統制者であり、事務運営にかなりの権限をもつ。組合長や役員との信頼関係も必要である。

そして、組合員は出資者である一方、事業利用者でもある。当たり前のことであるが、事業は組合員みなのためのものでなければならないので、組合員は事業運営にも参加しなければならないことになる。これは協同組合の原理である。換言すると、加入が認められて組合員になると、事業利用（サービスの享受）の「権利」を得ると同時に、事業運営に参加する「責任」が生じるのである。漁協自治の形成は、この組合員の参加・責任にかかっている。

協同組合は、以上のような役員、職員、組合員の三位一体があっての組織である。会社法人とはまったく違う。しかし、自分の権利しか考えない組合員が増え、無責任な役員が選ばれ、組合員への奉仕を考えない職員が増えると、協同組合は事業として成立していたとしてもその性格を失ったことになる。

農協や生協などのように、非組合員を組合員化する力を持たない、つまり市場を拡大できない漁協では、こうした協同組合の姿を追い求めない限り、運営が行きづまるのである。

2012年は国連が宣言した国際協同組合年であった。貧困・格差問題が世界的に拡大していることを懸念し、市場原理ではこの社会問題が解決できないとの認識が深まったから、協同組合に期待が寄せられたのである。漁協も、協同組合の骨格を再生するしかない。共販制度をめぐる混乱を煽るのでは何も始まらない。必要なのは、まずは冷静な分析をすることである。

†一面的な評価からの脱却を

今日巷《ちまた》に出回っている漁協批判は、漁協の存立構造をまったく理解せずに表層的な問題ばかりを論うものがほとんどである。

だから、漁協のことを評するときは、これにならって一面的な見方をしてはならない。多面的に漁協の機能を確認してからでないと、的外れな評価になる。真相と真逆の評価になることもある。

運営に苦しむ多くの漁協では、各種事業の見直しはもちろんのこと、総合事業体としての再生と、役員・職員・組合員の意識改革が必要である。だが、意識改革とは、すでに述べた協同組合の追求である。組合員をバラバラにすれば状況はより悪化する。協同組合の本質である人的結合から叡智（既存の経営学者や経済学者や評論家からは出てこない叡智）を生み出すことが求められているのである。

第7章

地域と漁業の今

†都市の繁栄と漁村の衰退

市場経済は、「新しい市場を創造し、古いものを破壊すること」を発展の原動力にしている。

この市場経済の原理が都市経済の繁栄をもたらしている。なぜなら、都市部はヒト・モノ・カネそして富が集中しているために、新しい市場が創出されやすく、新しい市場が創出されやすいから、雇用機会が増え、このような連鎖の中で、都市空間が経済的に繁栄するからだ。

一方で、都市経済の発展はやがて農山漁村の人口減をもたらす。しかも、若齢層ほど都市部に吸収されやすいため、農山漁村部に残る人口の年齢分布は高齢者に偏《かたよ》る。農山漁村部は少子高齢化による人口減少社会へと移行する。これは経済発展に伴う普遍的な現象である。そして、より経済発展すると国全体が少子高齢化による人口減少社会となり、農山漁村の人口減少と高齢化も加速する。

問題はここからである。農山漁村部から移住してきた都市住民も、都市で再生産される。長い時間を経て、それが繰り返されると、都市と農山漁村部の関係が希薄になる。なぜなら、田舎生活のことがわからない都市住民が時間の経過とともに増加するからである。

こうして、都市は農山漁村に食糧物資やその他資源あるいは労働力の供給を頼ってきたにもかかわらず、農山漁村との関わりが遠のいていくのである。

また一方で、農山漁村の人口が都市部に吸収され減っていくと、長い年月をかけて培《つちか》われてきた「人間と自然との関係」を維持するための「手入れ」が行われなくなり、山が荒れ、農地が荒れ、河川が荒れ、海が荒れて国土が荒廃していく。

このような状況に鑑みて、農山漁村部の交流人口を増やすために、近年グリーンツーリズムや都市・農村交流事業などが盛んに行われるようになった。

見方を変えると、日本では「都市の発展が国土の食糧供給機能を弱体化させてきた」と言える。実際、これまで都市部では、積極的に食糧供給先を国内から諸外国に切り替え、その食文化を積極的に受け入れてきた。同時に伝統的な和食文化を衰退させた。さらに、都市部では、核家族化が進み、単身世帯が増えたことで、生活様式が大きく変貌した。そしてその生活様式に見合った、食とそのサプライチェーンが開発されてきたのである。

その食とは、「簡便」で「安く」て「生ゴミが出にくい」食である。これが今日の都市生活者の食文化であり、これが食のマス・マーケットとなっている。成長してきたそのマス・マーケットにおいては、日本の農山漁村の出番はあまりない。

これに対抗するような格好で、農山漁村部では、直売所や産地食堂の設置など地産地消という新しい「市場」を創出している。スモール・マーケットであるが、地域内の「市場」の創出は地域経済の発展方式であり、都市近郊の農山漁村部ではそれなりに成果をあげている。むしろ、直売所が乱立状態になっている地域さえある。

農山漁村部には、こうした形でグローバリゼーションの波に飲み込まれないような対応が求められるのだが、都市部のように過度な集客競争の繰り返しを推し進めては、自滅しかねない。そのような創造的破壊が誘発されないような調整機構が求められる。

†漁業世帯の動向から見る漁村

さて、漁村はどうであろうか。

第二次世界大戦後、漁村には人があふれかえっていた。時は戦後の食糧難。漁業は農業以上に手っ取り早く食糧を生産できる産業であった。そのため戦地から復員してきた人たちは、働く場所を求めて漁村に向かったのである。

しかしながら、戦後復興を終え、高度経済成長に突入すると労働力は都市部に奪われて

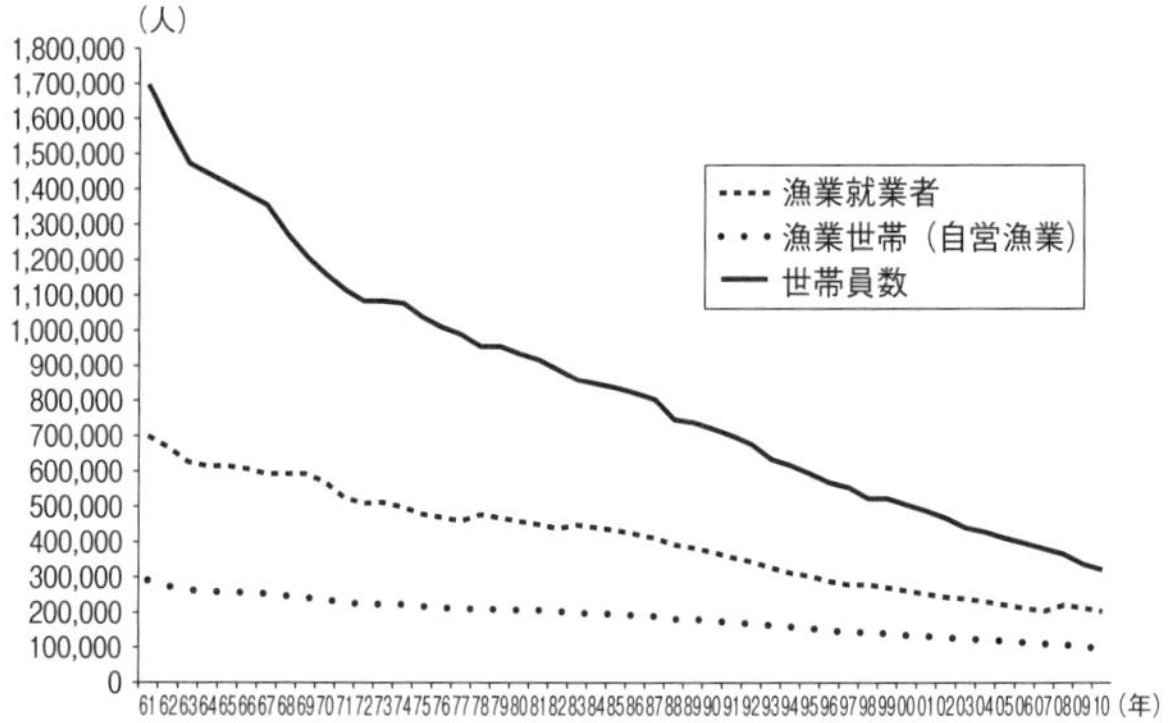

資料：農林水産省「漁業就業動向調査」

図 21　漁業就業者、漁業世帯、世帯員数の推移

いった。そして沿岸漁業等振興法が１９６３年に制定され、漁業・漁村の近代化策が進められたが、過剰人口状態だったために、漁村の人口は都市部へと移動していった。

図21を見よう。これは１９６１年から２０１０年までの漁業就業者数、漁業世帯数（個人で自営漁業を営む経営体）、漁業世帯の世帯員数を表したものである。いずれも、大きく減少していることが読み取れる。１９６１年には30万世帯近くあった漁業世帯は10万世帯を割り、70万人近くいた漁業就業者は20万人、１７０万人近くいた漁業世帯員は32万人となった。

漁村は漁業世帯の集落である。しかし、図21に示したように漁業世帯はかなりの数が消えた。１９６１年から見ると３分の２の漁業世帯が消滅している。

都市部周辺にあった漁村が、都市の中に埋もれてしまって集落ごとなくなったケースもある。たとえば、東京都や川崎市など東京湾周辺の臨海部では、かつてノリ養殖を営む漁村があったが、コンビナート立地や空港立地あるいは港湾整備などの埋め立て開発によって漁場がなくなり、まったく漁村の姿を見ることができなくなっている。あるいは伊勢湾や瀬戸内海でも、臨海部の都市化と埋め立て開発によって、漁村の姿を見ることができなくなったところもある。

このように「開発によって漁村自体が喪失したケース」もあるが、そうした事例は都市部に限られた話である。むしろ、「漁村はあるが漁業世帯が希《まれ》な存在になっているケース」の方が多い。つまり、漁業世帯が漁業を行わなくなり、漁業世帯でなくなるというケースが増えているということである。

†漁村は今どうなっているか

海辺の集落といえば漁村を思い浮かべるが、実態は必ずしもすべての集落が漁村という状況ではなくなっている。もう少し踏み込んでみよう。

漁業世帯は自営漁業のみで生計を立てている「専業漁家」、自営漁業以外からの収入があれば「兼業漁家」と呼ばれている。兼業漁家の中でも自営漁業を主にしている漁家は「第1種兼業漁家」、自営漁業を従にしている漁家は「第2種兼業漁家」と呼ばれている。

農業と比較して、漁業では専業漁家の比率は高い。販売農家のうち専業農家が28％（2010年「世界農林業センサス」）であるのに対して、専業漁家は48％（2008年「漁業センサス」）である。業種にもよるが、漁業は農業と比較して、漁船・漁具など、生産手段に対する投資規模が大きいので自営漁業を中途半端にできない側面がある。そのため農業で見られる自給的農家という存在は多くない。

表4を見よう。これは「漁業世帯の漁業就業者

（単位：人）

区分	計	自営漁業のみ		自営漁業が主		自営漁業が従	
総数	141,420	128,270	91%	7,830	5%	5,320	4%
男	115,260	103,020	90%	7,200	6%	5,040	4%
15～24歳	2,540	2,000	79%	230	9%	300	12%
25～39歳	10,770	8,740	81%	1,130	11%	910	8%
40～59歳	34,740	29,790	86%	3,010	9%	1,940	5%
60歳以上	67,210	62,500	93%	2,830	4%	1,880	3%
うち65歳以上	51,480	48,530	94%	1,820	4%	1,120	2%
女	26,150	25,250	97%	620	2%	280	1%

資料：農林水産省「漁業就業動向調査」

注：個人経営体の漁業従事者が自営漁業のみに従事しているか、他の仕事に従事し、自営漁業を主としているか、従としているかを見る統計

表4　漁業世帯の漁業就業者の状況（2010年）

（年間30日以上海上作業に従事している者）が自営漁業を専業としているかどうか」について年齢別に記した統計である。これによると漁業世帯の漁業従事者の90％以上が、自営漁業のみに従事していることがわかる。自営漁業以外から収入がある兼業漁家であっても、その世帯の漁業従事者のほとんどが自営漁業に集中しているということになる。女性の就業者なら、なおさらそのような傾向が強い。

また、第2種兼業では、世帯主が小さな漁船でほそぼそと漁業を続けて、世帯員の誰かが近隣の都市部の仕事に従事しているケースが多い。半島の奥まった集落にあっても、今では自家用車を複数台所有している漁家が多く、世帯員が近隣の都市部に就業するというケースは少なくない。

このような兼業漁家は、家計への漁業依存を徐々に弱めていく。兼業漁家は世帯員の労働力を他に向けているため、漁民の体力の低下とともに漁業も縮小させていくからだ。一方、専業漁家は漁業依存が強いだけに、漁業や養殖業の事業拡大を図る傾向にある。こうした両者の反する動向が、漁場利用において専業漁家と兼業漁家の棲み分けを進める。養殖業が盛んな地域においては顕著にその傾向が現れる。

こうして時代を通して階層分解が進み、今日まで至ってきた。そして近年、この傾向は

	合計	専業		第1種兼業		第2種兼業	
1988	181,439	52,760	29%	71,253	39%	57,426	32%
1993	163,466	52,653	32%	59,961	37%	50,852	31%
1998	142,819	49,938	35%	49,748	35%	43,133	30%
2003	125,931	49,298	39%	42,651	34%	33,982	27%
2008	109,451	53,009	48%	32,294	30%	24,148	22%

資料：農林水産省「漁業センサス」

表5　専業漁家と兼業漁家の推移

より顕著になっている。表5を見よう。専業漁家は維持される傾向にあるが、兼業漁家、特に第2種兼業漁家が激しく減少している。

こうした傾向が強まるなかで、北海道などでは大規模養殖漁家が見られるようになり、四国や九州地区においては空いた漁場に外部から企業参入が見られるようになった。もちろん、専業漁家の廃業が進んでいる地域もあるが、漁業依存度の低い漁家から漁業を撤退している傾向があるのだ。

なお、自営漁業を続けるが、漁業外の所得を失い、専業漁家になっている漁家も一部ある。自営漁業を廃業するケースは、ほそぼそと自営漁業を続けてきた高齢漁業者が引退するというケースや、壮年層の漁業者であっても借入返済が滞るなどで廃業に追い込まれるケースもある。

瀬戸内海などでは、干潟がヘドロに覆われ、海面の基礎生産力が失われ、漁業が成り立たなくなっている漁村がある。そのような漁村では、専業漁家があとわずかという状況である。藻場・干潟の荒廃が漁村を蝕《むしば》んでいるケースもある。

漁業外所得を失うケースは、観光・海洋レジャーの衰退に伴って来客が少なくなり遊漁案内など船宿や漁家民宿をやめた、あるいは近隣の水産加工場・その他工場・事務所などの閉鎖に伴い世帯員が失業したなどがある。いずれにしても、海辺の地域経済のシュリンクに伴った動向として見てとれよう。

2005年までの政府の漁業経営調査によると、漁業外所得が下がり続けている。給与所得は2000年：155万円、2005年：138万円、その他所得（遊漁案内など）が2000年：211万円、2005年：165万円と落ち込んでいる。

漁業世帯は、自営漁業に収斂《しゅうれん》する方向にあるが、全体としては、漁業就業者数は減少し続けている。兼業漁家の漁業撤退がその原因である。まだ、統計で明らかになっていないが、東日本大震災の前後でこの傾向は強く出ている。

†漁村人口減少の中で

漁村の少子高齢化による人口減少の傾向は、さまざまなところで弊害が出ている。海上作業はもちろんのこと、陸上作業の人員不足も深刻である。

漁業や養殖業では、網編みや浮き具・縄・釣り糸・針の結節などの漁具仕立て、漁獲物の網外しや魚の選別など付随する仕事がたくさんある。日本では、長い歴史を介して単調でない自然を相手に失敗と工夫を繰り返して、その自然に適した多様な漁具・漁法が形成されてきた。地域固有の技術が開発されてきたのである。その技術が海の上で機能するためには、手労働に依存せざるをえない細かな仕立て準備が前提となっている。

もちろん、機械化によって省人化された作業もあるが、手先の器用さを必要とする作業は人手に頼るしかない。これらの作業を担ってきたのが漁家の女性達や高齢者達である。通常、家族構成員総出でこれらの作業を行う。

ただし、規模が大きくなると、家族構成員でも足りない場合がある。その場合、親戚筋から近隣の漁村住民を呼ぶ、あるいは農村部から調達する。

だが、漁村や農村は、どこも高齢化・人口減少に悩まされているため、人員の調達が難しくなっている。女性労働力も含めてこのまま漁村人口が減少していけば、漁業を支えてきた陸上作業部門の労働力が機能しなくなる。定置網では漁具メーカーに発注するというケースは増えたが、その他の漁業・養殖業では漁具仕立てなどの陸上作業の人員調達能力が漁業の規模を制限する要因になっている。

そのため、外国人研修・技能実習制度を通して外国人を受け入れているという漁村が出てきた。沖合・遠洋漁業あるいは水産加工業と比較すると少ないが、２００８年「漁業センサス」統計で把握されているだけでも沿岸・養殖漁業に83人が受け入れられている（現状ではもっと多いと思われる）。その半分がカキ養殖である。カキ養殖はカキの軟体部を取り出す「むき打ち」作業が人手のかかる労働である。この作業に研修・技能実習生が配置されている。

また本来、漁村内で行ってきた漁具の仕立てを「域外」の業者に外注するケースも出ている。北海道檜山管内《ひやまかんない》では、縄・釣り糸・針を中国に送り、中国人が仕立てて、日本に送り返すというケースが出ている。いわゆる、漁具仕立ての海外委託加工である。さらに、近隣都市の「刑務所」に委託するケースもある。

しかし、海外や漁村外への委託加工は、仕立ての指導から始めなくてはならず、簡単に成立するものではない。ただ仕立てれば良い、というわけではないからだ。操業で使いやすく、また漁獲に影響がないような漁具仕立てでなければならないのである。

韓国の漁村では、定置網などの漁具仕立てをする、たくさんの外国人を見ることができる。その多くは中国人、ベトナム人などであった。都市への人口集中が日本より激しかった韓国では、もはや外国人なしで漁業は成り立たなくなっているようである。そうした人々は外国人研修・技能実習制度によって就労している。韓国では当初、この制度は日本と同じく研修1年、実習2年であったが、現在では現場の要望から計5年間の就労が可能になったようである。農村も含めて、韓国では第1次産業の労働力不足は深刻な状態になっているのだ。

日本では、沿岸漁業における外国人就労はまだ限定的である。だが、人員不足の中で漁業が存続するためには、その拡大を受け入れざるをえない状況でもある。今や国境を跨いだ労働力移動のハードルは低くなりつつある。まだはっきりとしていないが、TPP参加となればその傾向は強まるであろう。

沿岸漁業は、いわゆる海上労働の担い手だけでなく、それを支える陸上労働も深刻な状況になりつつある。それは単に労働力不足という問題だけでなく、人口減少に伴って植樹・植林・海岸清掃などの漁場を守ってきた漁民の活動機会が減ったり、その範囲も縮まったりするためだ。たとえ産業としての労働力を何らかの形で補完できたとしても、自然との関係で築き上げられてきた「生業《なりわい》」がしぼむと、漁村や海の荒廃は免れない。また漁村コミュニティーの結束力が弱まると、防災対策にも支障を来す。漁村の人口減少という現象を、経済だけの問題として捉えてはならないのである。

こうした漁業・漁村の多面的機能に対する対策が、水産政策の一角を占めつつある。なかでも藻場・干潟の再生などは重要な政策課題である。そこには、「日本の国土を自然と地域社会との関係から日本らしく維持していく」という思想が求められるのだ。

†漁港都市の再生はありえるのか

漁港都市は、沖合・遠洋に展開する中・大型漁船の主な水揚げ港として存在する。水産都市とも呼ばれ、水産関連産業の集積地になっている。

東日本大震災前年の2010年の全国上位15位の状況を示した表6を見よう。静岡県焼津漁港、千葉県銚子漁港、宮城県石巻漁港、青森県八戸漁港、鳥取県境港、北海道釧路港、宮城県気仙沼漁港、長崎県松浦港などが上位を占める。これらの漁港は大中型まき網漁船の水揚港である。

もちろん、大中型まき網漁船だけではない。これらの都市はその他の漁船漁業の拠点でもある。沖合底曳網漁船（銚子・石巻・八戸・境港・釧路）、サンマ棒受網漁船（釧路・気仙沼・銚子など）、カツオ一本釣り漁船（焼津・気仙沼）、マグロ延縄漁船（気仙沼・焼津）、大中型イカ釣り漁船（八戸）などが入港し、水揚げする。

ただし、どの港も水揚げ規模は、かつてと比較して大きく落ち込んでいる。たとえば、八戸漁港は、過去最高水揚げ量が約82万トン（1985年）、過去最高水揚げ高が933億円（1982年）とかつては国内トップクラスの漁港都市であったが、2010年は水揚げ量11・9万トン、水揚げ高234億円となっている。マイワシ、イカ類がその水揚げの大半を占めていたが、90年代に水揚げが転がり落ちたのである。この間、北洋漁業・中型イカ釣り漁業・沖合底曳網漁業・大中型まき網漁業などで大規模な減船事業が繰り返された。その結果、八戸では地元漁船が100隻以上減った。

古くから存在する漁港都市には、かつては漁船の所有者である漁業会社が軒《のき》を連ねていた。だが、八戸のように漁船漁業の減

表6　全国上位15港

数量(単位：トン)		
1	焼津	217,853
2	銚子	214,239
3	石巻	128,678
4	八戸	118,596
5	境	118,361
6	釧路	117,635
7	気仙沼	101,729
8	松浦	89,035
9	根室	76,688
10	紋別	70,117
11	枕崎	69,369
12	長崎	67,175
13	網走	61,956
14	女川	55,845
15	羅臼	52,433

金額(単位：億円)		
1	焼津	449
2	銚子	253
3	八戸	231
4	根室	218
5	気仙沼	208
6	石巻	180
7	三崎	168
8	長崎	158
9	境	153
10	釧路	133
11	松浦	121
12	羅臼	114
13	網走	110
14	紋別	82
15	宮古	80

資料：農林水産省「水産物流通統計年報」（2010年）

船および自然廃業が繰り返された結果、各地とも漁業会社がまばらな存在となっている。

さて、漁業会社は、船主として漁船を所有するだけでなく、漁労長や乗組員を集め雇い、水揚げに立ち会い、漁船に漁具・資材・食料を仕込み、漁船のオペレーションを行っている。

漁船漁業は、船主（オーナー）とオペレーターが分業体制にある内航船（商船）とは異なり、景気変動に弱い産業構造となっている。そのため、漁船が減ることはあっても増えることはない。

これまでは「残る漁船が能力拡大を図る」という方向が貫かれてきた。今日、この産業の改革が進められているものの、漁獲できる魚種や操業海域の棲み分けができあがっていて、新たな資源を開発するという余地はほとんど残されていない。そのことから、収益性の改善はもっぱら「漁獲物の品質を高めるための努力」か、「コスト節減を図る努力」に限られていたのだ。

コスト節減の最大の課題は、「乗組員不足の中で人件費を削らなければならない」というものであり、もっぱら外国人船員を増員するという形がとられてきた。たとえば遠洋マグロ延縄漁船など海外水域で操業する遠洋漁船は、何度も労使協議を繰り返して、今では幹部船員以外が外国人になっている漁船も多い。商船で開発されたマルシップ方式（外国人船員の国に法人を構え、その法人に対して船をチャーターし、船員を乗せてチャーターバックするという方式）が活用されている。あるいはイカ釣り漁船など沖合漁船では、外国人研修・技能実習制度が活用されている。

かつて船員は、漁港都市近隣の漁村で沿岸漁業を営む漁業世帯の次男、三男が多かった。船員の給与は、歩合給制である。そのため、水揚げが良ければ給与も良い。それが船員の漁業労働の強い動機であり、海が時化《しけ》ていても操業に出かける動機にもなっていた。しかし、今日の資源減少と魚価の低迷によって高水揚げを出す漁船が減り、乗船希望する邦人船員が減少した。漁業就業者の減少というのは、こうした背景がある。それゆえ、やむをえなく外国人船員を増やすことで、漁業経営を維持しているのである。

また多くの漁港都市は、地元船のほか市外の漁協などに籍を置く廻来船《かいらい》の寄港地でもあるため、沖合で働いた船員が休息する街として栄えてきた。それだけでなく、漁業の前方産業（水揚げ物を加工したり、保存したり、流通させたりする産業）としてある水産卸業（卸売市場）、鮮魚出荷業、水産加工業、倉庫業、トラック運送業、また漁業の後方産業（漁業者が使う生産財を供給する産業）としてある船舶関連機器メーカー、鉄工業、無線・漁具探知機関連業者、漁具・資材メーカー、製氷業、製函《せいかん》業などの集積地帯でもある。漁港都市は、漁船漁業を核にした裾野の広い産業集積地となっているのだ。

そして、これらの産業は、近隣の漁村へも、物資やメンテナンスサービスを供給し、一方で各漁村で水揚げされた漁獲物の物流拠点の一角も担っている。すなわち、漁港都市は、近隣漁村の経済の拠点として機能しているのである。

しかしながら、漁船漁業の衰退と共に、この産業連関のつながりは大きく変貌している。水産加工製品の市場価格が引き下げられているなか、水産加工業は国内の水揚げ不振と価格乱高下に耐えられなくなり、安定した原料を海外に求めるようになった。それゆえ、漁港都市には海外原料を調達するインポーターの営業者も存在する。

さらに人口減少・高齢化社会に移行するなかで、地元あるいは近隣漁村からの従業員の確保が難しくなり、製造ラインの一部を外国人に依存せざるを得なくなっている。

それだけではない。手間を必要とする加工プロセスを外国に委託加工する企業も増えている。中国・ベトナム・タイなどである。一方では、海外需要を開拓する水産加工業者も存在する。サバ類・サンマ・スケソウダラなど多獲性魚の輸出市場が開拓された。

こうして、漁船漁業の衰退と水産加工業のグローバル化への対応のなかで、地域水産業の構造再編が進み、漁業と水産加工業、そして漁港都市と近隣漁村との関係が劇的に変貌した。

そのようななかで、東日本大震災によってたくさんの漁船が流失して、現在、漁船建造できる全国の造船所は造船特需でフル稼働している。需要の先食いが起こり、船価が上昇している。

しかし、大震災前まではかなりの数の造船所が廃業に追い込まれていた。漁業の経営不振と減船が直撃したのである。残存している造船所は現在体制を強化しているが、特需後、急激な不況が襲いかかる。また造船業界にはさらにたくさんの下請業者が存在するが、そこにも急激な不況が波及する。造船業を含めた漁業生産財の供給産業の対応は、漁港都市の見えざる課題になっている。

漁港都市のゆくえは、漁船漁業のあり方次第であると言っても過言ではない。漁船漁業がもたらす地域経済への波及効果は、かなりの額におよぶからである。

たとえば、ある地域の調査結果によると、年間3億円を水揚げする沖合底曳網漁船の経済波及効果は10～12億円に至ったと言われている。つまり、漁船漁業の経済が前方と後方のさまざまな業者に波及しており、その効果は水揚げ金額の3～4倍におよぶというのだ。

そのため、漁船1隻が減ると、その地域経済に大打撃を与えることになる。漁港都市にとって、漁船漁業の存在がいかに大きいかがわかるだろう。

漁船漁業にとって厳しい状況が続くなか、輸出市場の拡大にかかる期待は大きい。だが、現状では、その期待どおりになっていない。2012年末以後、円安傾向が強まったにもかかわらず、である。原発災害後、いくつかの国で日本からの水産物輸入が控えられているからだ。

たとえば、オリンピック開催地の決定直前には、東京電力福島第一原発の汚染水漏洩事故を受けて、韓国が福島県を含む8県（福島県・青森県・岩手県・宮城県・茨城県・群馬県・千葉県）の水産物の輸入を禁止した。またロシアは震災後一貫して日本からの水産物の輸入をストップしている。中国も輸入先の産地を制限している。こうした対応は恒久的ではないかもしれないが、そのことを取り除いても、隣国との国際関係の悪化や為替の乱高下など、輸出には不安要素がたくさんある。

漁船漁業の浮上するきっかけが見つからない現状下では、近い将来、漁船数が現状の3分の1にまで減少するという見通しがある（現在の減少傾向をたどった推定）。漁港都市の再生には、こうした縮小均衡傾向を食い止める手立てがなければならないが、その打開策は見つかっていない。今、漁港都市に求められるのは、相互関係を確認しながら相互発展をもたらす、漁船漁業と関連産業との新たな関係づくりであろう。

✝東日本大震災後の漁村・漁港都市の復旧は

漁業に関する東日本大震災後の状況（1年半後の状況）については、拙著『漁業と震災』（みすず書房、２０１３年）に記した。それからさらに1年が経過している。

被災地の漁業・養殖業は、津波被害によってほぼ壊滅状態であった。そこから再開準備の作業が進められた。政府の復興支援策においては内容も予算も充実している。そのことから、福島県を除く被災地では継続する意思のある漁業者の多くは再開している。震災前の水準とまではいかないが、部分再開も含めると8割近くに達している。

しかし、被災地を歩くと復興の歩みの遅さを感じる地区がある。

まず、漁港など漁業にとって大事な社会資本や、カキ処理場など養殖業に関わる陸上の共同利用施設の復旧が進んでいない地区である。漁港の岸壁が復旧していないと、着岸して荷積みや荷揚げ作業ができる船の数が限られてしまう。

また防波堤《ぼうはてい》が壊れたままだと、波がダイレクトに入ってくるため危険である。震災後、再開した漁民はかろうじて使える岸壁に着岸して作業を行ってきたが、いかに漁港設備が漁業にとって欠かせない存在だったか、あらためて確認できた。

漁港の復旧は基本的に全漁港を対象としているが、国の方針で「優先すべき漁港」と「後回しにする漁港」に仕分けられたことから復旧の格差が生じた。岩手県は県内で極力そのようなことがないように「各漁港とも必要な箇所から補修する」という方策がとられたが、漁港の集約化を当初掲げていた宮城県では「142漁港のうち60漁港を優先して復旧する」という方針となっている。

いずれにしても、漁港や共同利用施設など生産基盤の復旧が進んでいない地区では、漁民のモチベーションが高まらない。本格的な復興への不安が高まっている。共同利用施設の再建は漁民の自己負担が伴うため、再開する漁民が少ないと残った漁民の自己負担が大きくなるという問題もあり、地区間の復興格差の要因にもなっている。

暮らしの面はどうであろうか。多くの罹災《りさい》した漁民とその家族は、仮設住宅の暮らしが続いている。集落の移転を推進する国交省が担当する防災集団移転促進事業による事業計画は、すべての地区において宅地の整備時期が確定している。2013年内に高台の移転先に復興公営住宅が完成し、漁村の集落移転が始まった地区もある。

しかし、漁業の生産基盤の復旧が進まないだけでなく、行政と住民の齟齬《そご》が発生して集落移転や漁村整備が進まず、漁村の復興の勢いに影を落としている地区がある。つまり、しっかりとした合意形成を踏まえないで計画を推し進めてもめているのである。こうした状況に疲弊している漁民が多い。また再開を迷っていた漁民の中には、地元から離れて他の仕事に就業しようとする者もいる。

さらには、生産基盤の整備が遅れているなかで、漁民や住民の反対の意向を押し切ってスーパー防潮堤の建設計画が打ち立てられ、住民と行政との間で対立している地区もある。景観を壊し、陸域と海面との自然の関係を壊し、海が見えなくなることで防災意識が弱まるということへの反対である。もちろん、住民全員がそうした意向をもっているわけではないが、養殖業を営む漁民の反対の姿勢は強い。

漁港都市では産業基盤を強化する試みがなされているが、計画が足踏みしている。たとえば、宮城県気仙沼市、女川町《おながわ》そして岩手県釜石市では、国費で嵩上《かさ》げするために漁港区域の拡張手続きを済ませて工事が進められているが、新たなまちづくりのための土地買収交渉が難航している。自治体には「復旧」および「再開発」という二重の重みがのしかかっている。

気仙沼市の漁港部周辺は、宮城県によって建築基準法第84条に基づく建築制限がかけられた。この制限期間は最大2カ月間だったが、特例法により最大8カ月間まで延長できるようになった。このことで、当該用地における水産加工業者は8カ月間自力再建さえできなかった。

また、この間に土地区画整理事業の都市計画が策定されなければならなかったが、決定したのは2013年4月と2年以上を要した。この決定までに水産加工団地構想などが打ち立てられたり、構想倒れになったりしたが、2年を経てようやくまとまった。しかし、生産基盤やインフラ整備の復旧の遅れが、優良業者の流出をもたらしてしまった。

振り返ると、大津波による被害はあまりにも未曾有《みぞう》の規模だった。しかも、その被害は東北太平洋側の広範囲にわたっている。そのことから、工事費や資材費が高騰し、思うように土木工事が進まない。

こうして被害の甚大さが復興を阻んでいる側面もある。しかし、それ以上に現場では合意形成などの手続きが大きな課題になっている。震災復興の地域づくりは行政の手腕《しゅわん》が問われているが、地域間に差が生じている。進み具合の差ではない。行政と住民との関係の差である。宮城県では、防潮堤建設計画において住民目線をなおざりにした県主導の開発行政的な展開が見受けられる。誰のための復興かが問われている。今後は禍根《かこん》を残さないようなガバナンスが求められることであろう。

†原発災害で揺れる福島の漁業と漁村

福島県の県北部は、宮城県や岩手県と同じく、津波被害により多大な被害を受けた。だが、震災後の状況は宮城県や岩手県とはまったく異なる。両県の継続予定の漁民の再開率が8割近くに達しているのに対して、福島県の再開率は5％に満たないのだ。大中型まき網漁船やサンマ棒受網漁船など、福島県沖合以外の海域で操業する一部の沖合漁船は再開しているものの、底曳網漁業やその他沿岸漁業など福島県沖を主要海域とする漁業は本格再開していない。

これは、言うまでもなく、低濃度ではあったが、放射性廃液1万トン以上を放水した東京電力福島第一原発の事故に起因している。この事故以後、福島県沖で行われてきた漁業は全面自粛に入り今に至っている。2012年6月以後行われている試験操業のみである。試験操業は、当初県北の相馬《そうま》原釜《はらがま》地区の沖合底曳網漁業であったが、漁業種としてはタコかご漁業や船曳網漁業などに広がり、また2013年10月からは実施地区が県南のいわき市にまで拡大したが、その規模は震災前の数パーセントにすぎず、本格操業再開のめどさえまったく立っていない。

それどころか南相馬市、浪江《なみえ》町、富岡《とみおか》町などの漁村で暮らしていた漁民らは、今も散り散りになったまま暮らしている。原発事故により方々に避難したからである。相馬市やいわき市など近隣町村に避難し仮設住宅に入った漁民らは、モニタリング調査や瓦礫《がれき》撤去を行って海の仕事を続けており、さらには請戸《うけど》漁港や富岡漁港の復旧計画が練られているが、地元に戻ってくる漁民の数は限定的と予想される。

地元に漁民が戻るには、原発事故が完全に収束することが大前提だ。しかし、2013年6月以後、魚介類や海水への影響は小さいとはいえ、原子炉や汚染水貯蔵タンクからの汚染水漏れの事故が続いており、収束する気配はない。さらには、原発の廃炉までの時間を含めると、いつ収束するのかまったく想定がつかない。しかも県央部では、汚染廃棄物の中間貯蔵施設の立地計画案まで持ち上がっている。これでは、地元に戻って自宅を再建する気にならない。

相馬地区やいわき地区では、試験操業を突破口に本格操業再開に向けての努力がしばらく続けられるが、原発立地周辺地域の漁村についてはその将来がまったく見えない。

†見えてこない漁村の将来

全国を見渡すと危機迫る漁村がある。

被災地・福島は特別としても、同じ被災地・宮城県の牡鹿《おしか》半島にある集落の中には、1人しか漁業を再開していない集落もあった。瀬戸内海など都市化が進んだ地区では、もはや漁村には見えない地域があるが、海に出て働いている漁民があと10人もいない地区がある。

漁村が閉鎖的なのは、「限りある海の資源を平穏に利用したい」ということが第一にある。調整を繰り返してきた結果、微妙な漁民間のバランスのなかで漁場が利用されているからだ。

だが、漁業技術が発展するたびに、漁場の利用度は常に飽和か過剰状態になってきた。それゆえ、引退する漁民が増えるなかで、残る地元漁民がむやみに新たな漁民や遊漁者などの海面利用者を受け入れたくないのは当然のことである。あくまで有限の資源と利用する人間社会の関係の中で、資源利用の均衡を図ろうとしているだけである。そのことを理解できない人はいないであろう。

とはいえ、このまま漁民がいなくなって良いものだろうか。そうなれば、海と人間の関係が途絶えることになる。海洋レジャーなど海辺に関わる新たな経済機能とうまく絡ませて「サービス産業的に漁村を再生させる」という方策が探られてきたが、海洋レジャー産業も景気に大きく左右されるうえ、遊漁者の減少も著しい。それが抜本的な漁村対策になっているとは言いがたい。

しかし、都市近郊の漁村では先進的な直売所や道の駅が増えたり、カキ小屋の集客力が話題になったりと、地産地消や観光客を引きつける新たな経済の成長も見られる。ブルーツーリズム、観光漁業など体験型の都市・漁村交流も各地で地道に行われている。新鮮な地魚の魅力を地元消費者、都市消費者にどう広げていくかも模索されている。問題は漁村と都市の関係づくりをどう構築するかである。東日本大震災で被害を受けた漁村も、復興と同時にこのような課題への対応が求められているのだ。

こうした課題も含めて、日本漁業の展望を「おわりに」で考えてみたい。

おわりに

日本漁業が置かれた立場は、日本経済のあり方と共に決まっている。内需縮小が決定的になり、デフレ不況が始まった90年代から、日本経済は流通業界が牽引《けんいん》してきた。そして、この流通業界の激戦に製造業、農林漁業は翻弄《ほんろう》されてきたからだ。

第2章で見たように水産物を取り扱う流通業界でも、仁義なき戦いが繰り広げられ、流通業者や水産加工業者の撤退・統廃合が進んできた。そのために、産地市場における水産物の買い付け競争が弱まり、魚価の低落傾向が続いている。それゆえ、利益を出せない漁業者は廃業した。この数が増すと、地域全体の供給力が失われ、次には地元の流通業者も減少する。

これまで、こうした縮小均衡が繰り返されてきた。この状況は競争原理に活力を委ねている資本主義体制の中では既定路線以外の何物でもない。つまり、「漁業者が減る」「漁船が減る」「漁業者も漁船も高齢化する」「生産量が減る」といった今日の日本漁業の姿は、流通業界全体の淘汰《とうた》・整理が進んでいくなかで生じてしまう一現象にすぎないのである。さらに背後には、人口減少と食品消費の低迷が横たわっているのだから、これからどうあがいても縮小均衡は免れない。景気が回復しても、である。

そこで出てくる定番の議論は規制緩和論である。なかでも「海は国民のものであり、漁協・漁民のものではない」と掲《かか》げる一方で「企業に開放すべきだ」という論はひどい。企業参入を阻んでいない現行制度を吟味もせず、「権利の略奪」と「海の私有化」を推進するのだから。支離滅裂どころか詐欺のような話である。だが、状況や実態に応じて機能せず、発展の桎梏《しっこく》になっている制度は見直す必要がある。たとえば、コストアップの要因や就業者確保の壁になってしまっているさまざまな制度についてだ。なかでも外国漁船との激しい競争が強いられている漁船漁業に関連した制度は特にである。

さて、制度論はともあれ、日本漁業の再生論として何が抜け落ちてきたのか次に論じておきたい。

まず漁場についてである。「海洋王国日本」「世界第6位の排他的経済水域」と誇らしい話をよく聞くが、第3章で見たように実態は遠洋漁船の存立条件はどんどん奪われ、領土問題が横たわるなかで、日本政府が示す排他的経済水域内の漁場はずいぶんと狭められている。

しかも、隣接する国の漁船は、狭められた日本水域ぎりぎりのラインまで押し寄せている。第4章で触れたが頼みの沿岸漁場も、繰り返されてきた国土開発により荒廃している。海はあっても、魚介藻類が生息できない死の海が広がっているのである。海外も、我が国周辺も、漁場は明らかに狭まっている。TPPの議論に便乗して漁業の再生には「TACやITQによる資源管理が決め手」などという枝葉末節な議論が跋扈《ばっこ》しているが、あきれるほかない。

こうした状況のなかで、日本漁業が今後再生・維持していくためにできることはかぎられている。まずは「漁場の維持・保全・再生」である。藻場・干潟の再生、海底清掃・海底耕耘、植林、保護区の設置など海の基礎生産力をとりもどす活動なくして、豊かな海は維持できない。漁業は資源を再生産させる自然環境がなければ成り立たない。種苗放流など資源培養の取り組みも重要であるが、環境再生を図る地道な活動が漁業再生の礎《いしずえ》となる。

このことは日本国内だけの問題ではない。韓国、中国、ロシア、台湾など隣国との漁場紛争を外交努力で解決しつつ、これらの国の沿岸域についても、環境再生対策の必要性を働きかけていくことが重要である。

そのうえで、資源の状況に鑑みた「漁業管理体制を維持すること」である。基本は入口管理であろうが、漁獲努力量の規制、漁獲量制限や個別割当のような手法導入も織り交ぜていくことの検討が必要ではあるが、すでに自主的な漁業管理の実践が各地の現場で進んでいるのであらためて進言することはない。

他方、漁船数、漁村人口の減少が著しい「地域の再生」についてである。第7章で触れたように、漁村の平均年齢はこれからも上昇する見込みである。引退する漁業者が出たり、体力減退とともに高齢漁業者の稼働範囲が狭くなったりすると、空き漁場が出てくる。後継者対策（新規就業者の参入支援だけでなく漁業世帯の後継者支援）を急ぐとともに、余裕のある漁場を有効利用するためには、閉鎖的な従来の漁業権益を再調整することも視野に入れる必要がある。

第6章で見たように、このことはもちろん極めてセンシティブな話である。だが、漁民で賑わう漁村を維持していくには避けられない課題でもある。後継者や新規就業者を含めた若手漁業者を育てるとともに、漁場の有効利用策を探ることが、今漁村に求められている。

たとえば、漁村の中で長らく続いた船曳網漁業とアワビ漁との兼業規制（民間協定）をやめて、新たな体制のもとでアワビ漁参入者みなが漁場（アワビファーム）を造成して、若手の漁業者の活力を取り戻したという茨城県（川尻地区）の例がある。

この背景には、長男のみしか継承できないという伝統があったためにアワビ漁師が激減し、一方若手の漁民が多い船曳網漁業は資源来遊が悪化し、経営が厳しくなったということがあった。両者の問題を解決するために、船曳網漁に出ない夏場にアワビ漁で収入を得ることができるようにしたことで、漁業経営が安定化したという。漁業からの脱落者を防いだ例である。

このように、古くからの漁場の棲み分けがあっても、有効に利用されていない漁場や資源があるのなら、人、資源、漁場、漁法の新たな組み合わせを検討して漁村地域の活性へとつながる例がある。もちろん、粘り強く話し合いを続けなければ、地域全体の利益にはつながらない。

こうした漁場利用再編を積極的に漁協内で進めることによって、新たな漁村のスタイルが築かれることもある。工夫次第で限りなく使える海をどう使うか、海をよく知る漁民たちの新たな知恵出しが今求められているのではないか。漁村にある継承すべき伝統・文化を守りつつも、創意工夫によって新しい要素を加えて、漁村経済の再生につなげていくことが求められているのではないだろうか。

漁船の老朽化、邦人船員の不足、収益悪化、資源悪化の中で苦しい状況が強いられている沖合・遠洋漁業においては、漁場の確保、資源管理の強化、技術革新、流通対策など、多面的かつ総合的に改革を進めていく必要があろう。

2007年から行われている漁船漁業構造改革総合対策事業では、造船業界や流通業界までも動員して、総合的な改革モデルの実証試験が進められている。国の水産施策としては画期的な内容であるが、沖合漁業における漁船の大型化や能率化に反発する沿岸漁業者との調整が難航したり、漁業法以外のさまざまな法規によって低コスト化が阻まれたりすることもある。関連業界も含めた総員体制で知恵を絞り出さなければ改革は進まない。

ところで、全国の産地を見渡すと、販売・流通面においてさまざまな取り組みが行われている。その効果もあって、直売所やカキ小屋を目当てに農山漁村に足を運ぶ都市住民が増えている。またそれとは逆に、都市部の住民が朝水揚げされた魚をその日のうちに食することができる流通を、消費地の卸売市場と産地との連携によって実現している。金沢市中央卸売市場、福井市中央卸売市場、そして東京都中央卸売市場（大田市場）で、である。産地でしか味わえなかった「とれたて気分」を、都市部の食卓に提供するというサービスが展開されている。

こうした魚を通した食の豊かさを伝える努力が、産地でも、消費地でも散見できる。だが、これらは一つの流通形態として頭角《とうかく》を現しているものの、その存在は流通の幹《みき》にはなりえないし、市場流通機構の対抗軸にはなりえない。なぜなら、それらは全体から見れば部分的な動きにすぎず、扱っているロットが小さいからである。これらの取り組みの大事なミッションは、魚食普及なのである。そのミッションを棚上げにして、これらの取り組みを市場流通を批判するための材料にするのは本末転倒である。

今、業界では何が求められているのであろうか。俯瞰すると、水産業を構成する「魚を獲る人（生産者）」「魚を取り扱う人（商人）」「魚を消費する人（消費者）」たちの関係が、どのようにしたら活性化するかが模索されているということではないだろうか。つまり、それらの人をつなぐリンケージをどうするかが重要なのである。

これを踏まえると、水産政策で欠落しているところがある。卸売市場に関する政策である。卸売市場は、魚と人が出会う場であり、人と人とが出会う場でもある。水産物の流通とは、平たく言えば「魚を取り扱う人たちのネットワーク」である。そのネットワークの拠点が卸売市場である。卸売市場は、そのネットワークの中で、地元の魚屋を育て、さまざまな産地を開発してきた。つまり卸売市場は、消費地の末端ユーザーとたくさんの産地を結ぶ大事な拠点として存在してきたのだ。

だが、これまで量販店のバイイングパワーに翻弄《ほんろう》され、産地からは弱腰だと言われ、その板挟みの中で、市場外流通ばかりが美化され、この拠点の存在を否定する話が多くなっている。

ごく当たり前の話であるが、卸売市場がなければ、水産物需給の日々の変動に柔軟に対応してきた機能や、水産物の広域流通を可能にしてきた機能が失われることになる。卸売市場の衰退は漁業、漁村の衰退に直結していると言っても過言ではない。卸売市場法の改正で、規制緩和などが進められているが、これらの規制緩和は荷受会社の競争を促すが、卸売市場の機能強化に直結するものではなかった。。残念ながら、水産物の卸売市場の本格的な再生論が見当たらないのだ。

漁業は危機的状況にある。これまで見てきたように問題を抱えている。だが、その危機の根拠として「乱獲」「魚価安」「魚離れ」など個別の現象を論い、「制度が悪い」「漁業者が悪い」「行政が悪い」「卸売が悪い」「小売が悪い」「消費者が悪い」など犯人捜しのような議論は無駄である。どれだけ犯人捜しをしても、漁業問題の根底にある「見えざる構造」に気づかなければ危機回避はできないからである。このことを理解してはじめて、地域や魚をめぐるネットワークの再生を模索できるし、漁業の再生策も創出可能となるのだ。

漁村では地域の視点からコミュニティーをまもり、地域の自然をまもり、資源管理の取り組みを発展させる。後継者や新規の参入者が漁業に就くためのハードルを下げる対策を実施し、現状以上に縮小均衡に陥らないようにする。ときには地産地消やブルーツーリズムにも取り組み、地元や都市の消費者とのつながりを拡大させる。

消費地では管理主体の自治体と民間が一体となって知恵を絞り、卸売市場の再生を図り、魚食という豊かさを提供できるよう、スーパーの鮮魚売場、魚屋を再生させる。

そして海と魚と人の関係、魚をめぐる人と人の関係、漁村と都市の関係を健全にする。これが海と魚をめぐる国土形成の理想であることはまちがいない。

水産業は、複雑な分業体制と関係者の複雑で広域なネットワークで成り立っている。そして、それぞれが不満を蓄積し、我慢しながら今を必死に生きている。それゆえ、この世界は、狭い世界であるにもかかわらず、ちょっとした対立が発展して、同業者や取引関係者がいがみ合う関係に陥ることが多々ある。無用な「対立」をまねきやすい世界なのである。何を目的にしているのかわからないが、そのことを踏まえず、また漁業や水産物流通の現場にある問題と真摯に向き合うことは、通俗的な改革論をばらまき、業界を混乱させている論者には猛省を促したい。

他方で、我々は、支配できない自然、知り尽くせない自然を相手にする以上、過去の経験から学ばなくてはならないことが多い。その学びの上に立って、我々は何を大切にし、どうあるべきかなど、広く共有できる思想をもつ必要があろう。成長すべきは経済よりも、人間ではないであろうか。

さて、混迷する日本漁業だが何のことはない。日本の国土・自然、社会・文化、そして科学技術・産業・経済との関係のあり方をまじめに考えず、ナショナリズムを煽り経済一辺倒で今を切り抜けようとする、この国の政治経済体制の問題が表出しているだけである。

本書ではそのことをもっと深く考え論じたかったが、紙幅が許さなかった。とはいえ、筆者にとっては、与えられた執筆期間がとてもタイトだったので、「日本漁業を俯瞰する書」を書いてほしいとの依頼に応えるのが精一杯であった。もっといえば、この複雑な漁業・水産業の世界を一般読者にもわかる平易な内容にしてほしいという注文がもっとも頭を悩ませたところであった。期待に応えられたかどうかいささか不安である。編集で大変苦労をかけさせてしまった筑摩書房編集部の小船井健一郎さんに感謝申し上げたい。

ちくま新書
1064

日本《にほん》漁業《ぎょぎょう》の真実《しんじつ》

二〇一四年三月一〇日　第一刷発行

著　者　濱田武士（はまだ・たけし）

発行者　熊沢敏之

発行所　株式会社　筑摩書房
東京都台東区蔵前二‐五‐三　郵便番号一一一‐八七五五
振替〇〇一六〇‐八‐四一二三

装幀者　間村俊一

印刷・製本　三松堂印刷　株式会社

乱丁・落丁本の場合は、左記宛にご送付下さい。
送料小社負担でお取り替えいたします。
ご注文・お問い合わせも左記へお願いいたします。
〒三三一‐八五〇七　さいたま市北区櫛引町二‐六〇四
筑摩書房サービスセンター　電話〇四八‐六五一‐〇〇五三

ISBN978-4-480-06770-8 C0262